[英国] 特里 · 伊格尔顿 著　朱新伟 译

人生的意义

牛津通识读本 ·

The Meaning of Life

A Very Short Introduction

译林出版社

图书在版编目（CIP）数据

人生的意义／（英）伊格尔顿（Eagleton, T.）著；朱新伟译．—南京：译林出版社，2012.11（2024.12重印）
（牛津通识读本）
书名原文：The Meaning of Life: A Very Short Introduction
ISBN 978-7-5447-3178-2

Ⅰ.人…　Ⅱ.①伊…②朱…　Ⅲ.人生哲学　Ⅳ.①B821

中国版本图书馆 CIP 数据核字（2012）第 173158 号

著作权合同登记号　图字：10-2019-263 号

人生的意义 ［英国］特里·伊格尔顿／著　朱新伟／译

责任编辑　许　丹　何本国
责任印制　董　虎

原文出版　Oxford University Press, 2007
出版发行　译林出版社
地　　址　南京市湖南路 1 号 A 楼
邮　　箱　yilin@yilin.com
网　　址　www.yilin.com
市场热线　025-86633278
排　　版　南京展望文化发展有限公司
印　　刷　江苏凤凰通达印刷有限公司
开　　本　890 毫米 × 1260 毫米　1/32
印　　张　7.5
插　　页　4
版　　次　2012 年 11 月第 1 版
印　　次　2024 年 12 月第 26 次印刷
书　　号　ISBN 978-7-5447-3178-2
定　　价　39.00 元

序言

邓晓芒

英国当代著名的马克思主义文艺理论家、文学批评家特里·伊格尔顿(Terry Eagleton,1943—)前几年写了一本哲学书:《人生的意义》。他在书中坦承,他不是哲学家,他是以“喜剧演员”的轻松明快的方式来处理这个崇高的主题的。的确,我们在这本薄薄的小书(总共一百来页)中到处遇到的是英国式的幽默和无伤大雅的调侃,但话题却是严肃而深沉的。使我感到惊叹的倒不是这一沉重的话题能够写得如此通俗活泼,而是一本如此飘逸生动的小书居然能够切入到如此深邃的哲理之中,这是我从未见过的。可以看出,作者虽然身为英国作家,而且研究的是最具感性色彩的文学理论,但明显深受大陆哲学如存在主义、生命哲学、意志哲学和解释学的熏陶,并对这些非盎格鲁—撒克逊的思辨套路驾轻就熟。不过他最感兴趣的还是大陆的两栖哲学家(既是分析的又是思辨的)维特根斯坦,后者的清晰明白是英美语言分析哲学最强有力的理论支柱。与分析哲学家不同的是,他把关注的重点放在维特根斯坦后期的《哲学研究》上,这恰好说明他已经超越了罗素等人的分析的传统,也是他敢于并有兴趣认真对待“人生的意义”这样一个在分析哲学家看来毫无意义的话题的基础。俗话说,“听话听音,锣鼓听声”,

他比罗素更敏锐地听出了维特根斯坦话语后面的东西，而将分析哲学这一文学的天敌俘获为文学与思辨哲学结缘的纽带。

我们只要看看他对“人生的意义是什么？”这一问题的语义学分析就会发现，虽然他广泛运用了对词和意义的分析技术，但他的处理方式和分析哲学家们完全不同。他不是用分析来消灭这个问题（例如说，断言这个问题“无意义”），而是用分析来从语义层面的问题引向更深的存在层面的问题，亦即人生的悲剧处境的问题。“在所有的艺术形式中，悲剧最彻底、最坚定地直面人生的意义问题，大胆思考那些最恐怖的答案。最好的悲剧是对人类存在之本质的英勇反思，其源流可追溯至古希腊文化……最有力的悲剧是一个没有答案的问句，刻意撕掉所有观念形态上的安慰。如果悲剧千方百计告诉我们，人类不能照老样子生活下去，它是在激励我们去搜寻解决人类生存之苦的真正方案……”（第 11 页）。对悲剧的这种解释很新颖。悲剧并不像黑格尔的经典定义所说的那样，意味着两种同样合理的伦理力量的冲突通过主人公的牺牲而得到调解；相反，悲剧是对人的存在的一个提问，这个提问的答案是开放的。“人生没有既定的意义，这就为每个个体提供了自主创造意义的可能。如果我们的人生有意义，这个意义也是我们努力倾注进去的，而不是与生俱来的。”（第 29 页）不言而喻，人生的意义更不是由别人规定好让你去实现的。我们现在通常的做法是，由政府颁布一种人生的意义，写在教科书里面从小灌输给孩子，以为只有这样孩子长大了才不会失去人生的意义，不会感到“空虚”。这是一种非常愚蠢的做法。曾经有不少受过这种教育的青年满怀困惑地来问我，人生到底有什么意义。我一般回答说，人生的意义需要你自己去寻求，别人给的都不是真的。但也有很大一部分大学生，一涉及到人生意义的问题就很自信地背出从小学到的一套教条来，流露出不少得意，我却为此感到悲哀。我分明看到的是在现行教育体制下中国人个性的萎缩。

不过，本书的作者也不完全赞同这种把人生意义当做个人事业的观点，他认为这只是“传统智慧的观点”(第31页)。在这方面，他倾向于用(更为“传统”的)马克思主义的宏大叙事来补充个人主义的意义追求，这种宏大叙事并不是单独的个人能够根据自己的特殊性来设定的，但却是最终用来衡量人生意义的标准。他把这种标准称之为“意味深长的模式”，并认为，“倘若人类生活中没有意味深长的模式，即使没有单独的个人想这样，结果也会造成社会学、人类学等人文学科的全盘停摆”(第43页)。当然他也不认为这种模式可以归结为马克思所说的“历史客观规律”，但毕竟不能说，人类几千年以来一直都在乱碰乱撞，总会有某些确定一贯的东西是那些自由主义者和个性至上论者所公认的，或者虽然并不明确意识到，至少也是实际上用作自己判断的前提的。这种情况，作者更愿意用康德的“无目的的合目的性”来解释(第44—45页)。只不过这种不是人所有意设定的合目的性往往被人们归于不可见的上帝的安排。对于这种安排，人们要么听天由命，这就不用自己思考任何意义了；要么努力探索，这将导致无穷的痛苦。的确会有人为了摆脱这种痛苦而认为，即使有人生的意义，人还是不要知道这种意义为好。(第49页)这种犬儒主义的当代标本就是所谓“后现代主义”。作者在本书中对后现代主义的批评是我所见过的最到位的。“后现代主义坚称，只要我们还有深度、本质和根基，我们就仍然活在对上帝的敬畏之中。我们还没有真正把上帝杀死并埋葬。我们只是给他新换了一套大写的名字，如自然、人类、理性、历史、权力、欲望，诸如此类。……‘深刻的’意义总会诱惑我们去追寻那诸意义背后的元意义这种妄想，所以我们必须与之切割，才能获得自由。当然，这里的自由不是自我的自由，因为我们已经把‘自我’这个形而上学本质同时消解掉了。到底这一工程解放了谁，这还是一个谜。”(第16—17页)最后一句话是点睛之笔，也是神来之笔。

从现代主义过渡到后现代主义的典型作家是萨缪尔·贝克特。作者在对贝克特的代表作《等待戈多》的分析中充分显示了作为一个文学批评家的敏锐。一方面，他从这种“等待”中看到了一种现代的英雄主义(类似于加缪的《鼠疫》)：“尽管推迟的行为使得人生难以承受，但也可能正是这种行为使得人生处于运动之中”，“如果这个世界是不确定的，那么绝望就是不可能的。”(第60页)“他的文字反常的地方在于，对零零碎碎的意义如学究一般考究，对纯然的空虚也要精雕细琢，狂热地想要言说那不可言说之物。”(第62页)。但另一方面，贝克特的作品又表现了一种“后现代的实证主义”，即就事论事，反对向事物施加某种自以为是的意义。不过，作者从贝克特的这种“次级的”后现代主义倾向中引伸出了他认为合理的东西，即虽然排除了人为的意义，但却仍然认为“事物必须内在地有意义，而不是靠我们钻研出意义”(第64页)。

现在问题在于，这种客观事物的“内在的意义”如何能够被我们所知道、所把握。作者认为，这个问题类似于新教伦理对上帝的态度：“新教徒的自我在随机力量的黑暗世界里胆怯地走动，内心萦绕着一个隐匿的上帝，不知道自己是否会得到救赎。”但这又是一次“巨大的解放”，当破除了一切权威的解释之后，一切答案都要靠自己去寻求了。“孤独的新教精神胆怯地在黑暗中摸索，这会是为那些相信人生由自己创造的人感到忧虑的原因吗？既是又否。否，因为创造自己的人生的意义，而不是期待意义被预先给定，这是一个非常令人信服的主意。是，因为这应该是一个清醒的警告：人生的意义不是自己能够随心所欲创造的，它并不能免除你的一项责任，即在常识之下证明任何使你的人生有意义的东西的合理性。""这也不是无中生有的创造过程。人类可以自我决断——但只能建立在更深刻的对自然、现实世界的依赖以及人类相互依赖的基础之上。"（第74—75页）这里不太严格地表达了一种"解释学的循环"：对整体的理解有赖于每个个体的创造性，但个人创造又是基于对整体的理解。所谓"不太严格"是指，判断整体的合理性标准不是既定的"常识"，而是不断深入的洞见；人们据以决断的基础也不是对世界的"依赖"，而是对经验的历史回顾、认知和预测。

书的最后一章提出了人生意义的两个着眼点，一个是死亡哲学，一个是实践哲学。首先，作者批评了亚里士多德以来以"幸福"作为人生的意义基础的传统，认为这是一种自欺欺人。当他说这是"西方文化的一个普遍的特点，即不承认那些令人不快的真相，迫切想要把苦难扫到地毯下面"（第84页）时，我几乎怀疑是否要把这里的"西方"改为"中国"。其实西方文化正视死亡也是一个自苏格拉底、柏拉图以来的巨大传统，柏拉图甚至说"学习哲学就是学习死亡"，看来作者并不熟悉这一点。但作者在批评了各种幸福的涵义之后，也提出了一个真正富有洞见的命题："人生若不包含人们没准备好为之赴死的东西，这种人生就不可能富有成就"（第89页，"没准备好"应为"准备好"之误[①]）。

---

① 此处原文为：a life which contains nothing for which one is not prepared to die is unlikely to be very fruitful。见英文部分第90页。——编注

他认为,“人生即是死亡的预期。我们只有心怀死亡才能活下去。”(第 90 页)这都很不错。可是他把这种观点与“人生的意义在于思考人生的意义”这种“颇具诱惑力”但却是“同义反复”的命题对立起来，则似乎有些欠考虑。英国学者通常不习惯于思辨，当他们强调实践的时候，他们认为这就是对思辨最好的驳斥,就像第欧根尼用走动来反驳芝诺的运动悖论一样。

所以作者在这里提出的第二个着眼点就是立足于实践,为的是排除思辨。“如果人生有意义,那个意义肯定不是这种沉思性的。人生的意义与其说是一个命题,不如说是一种实践。它不是深奥的真理,而是某种生活形式。”(第 92 页)所以,“人生的意义便是人生本身”(第 93 页)。可是,这难道不也是一个“同义反复”?什么是“人生本身”?没有沉思的人生就只剩下吃饭穿衣之类,当然还有“爱”。但作者对“爱”并没有无条件地接受为人生的意义,而是对它进行了一番“沉思性的”解释:“我们称为‘爱’的东西，即我们调和个体实现与社会性动物之本性的方式。因为,爱表示为别人创造发展的空间,同时,别人也为你这么做。每个人的自我实现，成为他人的实现的基础。一旦以这种方式意识到我们的本性,我们便处于最好的状态。”(第 95 页)不仅如此,这种沉思肯定也应该包含对死的沉思:只有当我们意识到人生必有一死,我们才能为自己规划出和为别人创造出发展的“空间”(实际上是 “时间”)。所以作者的两个着眼点实际上应该是同一个不可分割的着眼点，即由沉思准备好的实践或者对实践的沉思。它既是“深奥的道理”,同时也是某种经过反思的“生活形式”,如苏格拉底所说的:“未经反思的生活是不值得过的”。

作者最后以爵士乐队的即兴演奏作为自己所推崇的 “人生意象”。在爵士乐队中,每个人任意发挥自己的自由个性,但又随时保持着一种接纳性的敏感，与其他队员互相激励和呼应。在这种演奏中所体现的是一种“毫无目的的生活”,在这里,“人生的意义有趣地接近于无意义”(第 99 页)。但这只是表面现象。不是随便什么人都能加入这种没有乐谱的即兴演奏的，这些人必须在长期默契中达成某种共识，必须思考过爱与死这样一些人类共同的问题，他们的各自表达虽然没有明确的主题，但都以各自的个性和特有的方式发表着爱与死的宣言，并从同伴们那里得到应和。人生的意义之所以“接近于无意义”,是因为这个意义已经被创造出来了，人们在物我两忘中享受着人生的意义。但要达到这样的境界决非一日之功，在日常生活中这甚至常常是一个可望而不可即的理想。但正是这一理想不断地激励着人们，要将自己个人的人生意义实现在群体或社会的认同之中。就此而言，我赞同作者的最后一言:“在这样一个危险无处不在的世界中，我们追求共同意义的失败过程既鼓舞斗志,又令人忧虑。”(第 99 页)

2012 年 9 月 9 日

于喻家山

献给奥利弗，虽然他觉得很难为情

目录

引言

任何一位鲁莽决定用这个标题来写书的作者最好都准备收到一个邮包，邮包里装满笔迹潦草、附寄各种复杂的符号图表的来信。人生的意义，这样一个主题既适合疯子来写，也适合喜剧演员，我希望自己宁可是后者而非前者。我尽量用轻松明快的方式来处理这个高尚的主题，同时又不失严肃性。但是，这整个主题涵盖太广，近于杂乱，而学术界的讨论范围要小很多。多年前，我还在剑桥大学念书，视线被一篇博士论文的题目吸引，该论文题为“跳蚤的阴道系统略论”。有人会猜想，这个论文题目不太适合近视眼患者作研究；但这个标题提醒着一种动人的谦恭，这种谦恭我很明显没有学到。我至少可以保证的是，这是少数几本以“人生的意义”为书名，却没有讲述罗素和出租车司机那个段子的著作之一。

感谢约瑟夫·邓恩，他阅读了本书手稿，并给予了宝贵的批评和建议。

第一章
提问与回答

哲学家有一个惹人讨厌的习惯:喜欢分析问题,而不是解答问题。我也准备以分析问题的方式开始我的论述。[①]“人生的意义是什么?”这是一个真问题还是只是看上去像个问题?是否有什么能充当答案?或者它只是一个伪问题,类似于传说中的牛津大学入学考试题目,只有一句话:“这是一个好问题吗?”

“人生的意义是什么?”初看好像和以下问题差不多:“阿尔巴尼亚的首都在哪?”“象牙是什么颜色的?”但真的差不多吗?是不是更接近这个问题:“几何学趣味何在?”

有些思想家认为人生的意义问题本身并无意义,之所以如此认为,有一个相当坚实的理由。意义是一个语言层面的东西,无关实体。它是我们讨论事情的某种方式,而非像纹理、重量、颜色那样,是事物本身的属性。一颗卷心菜或一张心电图,其本身没有意义,只有当我们谈论它们的时候它们才有意义。照此推论,我们可以通过谈论人生来让人生变得有意义。但即便如此,人生本身还是没有意义,就像一朵浮云本身没有意义一样。比

---

① 请允许笔者说明,本人并非哲学家。当然,就算我不说,我的批评者们肯定也会指出这一点。——作者注(以下除特别说明,均为作者注)

如，声称一朵浮云为真或为假，这根本行不通。真与假仅是我们关于浮云所作的人为命题的功能。与多数哲学主张一样，这个主张也存在问题。后面我们会考察其中的一些。

我们一起来简单地看一个比“人生的意义是什么？”更唬人的质问。也许我们所能提出的最根本的问题是“为什么·一切事物会存在，而不是不存在？”为什么会存在那些事物，我们首先可以问其“意义何在”？哲学家们对这个问题是真是伪存在争论，不过大多数神学家的意见是一致的。对多数神学家来说，答案就是“上帝”。上帝之所以被称为世界的“造物主”，不是因为他是一切创造者的创造者，而是说，上帝是世界万物存在的根本原因。据神学家说，上帝乃存在之基础。即使这个世界从不曾开始，这一点对他来说也依然成立。即使某些东西亘古就有，他依然是一切事物之所以存在的终极因。[①]

“为什么存在万事万物，而非一片虚无？”这个问题可以粗略地转换成“这个世界是如何产生的？”它可被视为因果论的问题：在此情形下，“如何产生”即指“从哪里产生？”但这显然不是这个问题真正想问的。如果我们努力通过讨论世界万物从哪里产生来回答这个问题，我们找到的那些原因就包含在这个世界当中；这就变成循环论证了。只有一个不属于这个世界的原因——一个超验的原因，正如设想中的上帝——才能避免以这种方式被拖回论证本身。所以，这个问题事实上并不关乎世界如何产生，并且至少对于神学家来说，也不关乎世界的**目的**，因为在神学家眼中，这个世界根本没有任何目标。上帝并不是宇

① 这里伊格尔顿暗指《圣经·诗篇》中的“你的宝座从太初立定。你从亘古就有”（93:2）这句话自相矛盾。——译注

宙工程师，在创世时有一个从战略上经过盘算的目的。上帝是一个艺术家，创造世界只是为了自娱自乐，为了享受创世这个过程本身的乐趣。我们由此可以理解，为什么大家觉得上帝有某种扭曲的幽默感了吧。

"为什么存在万事万物，而非一片虚无？"毋宁是一种惊叹：我们很容易推想原本是一片虚无，事实上却最初就存在着一个世界。也许这就是维特根斯坦说"玄妙的不是这个世界的样貌如何，而是这个世界以这样的样貌存在着**这一事实**"[①]的时候他心里部分所想的。有人可能会说，这是维特根斯坦版的马丁·海德格尔的存在问题，德语叫做 Seinsfrage。海德格尔想追溯到"存在是怎么来的？"这个问题。他关心的不是特定实体如何产生，而是另一个让人迷惑的事实，即究竟为什么会有实体存在。这些实体值得我们思考，因为它们本来很可能并不会出现。

不过，许多哲学家，不单单是盎格鲁—撒克逊传统下的哲学家，认为"存在是怎么产生的"是一个典型的伪问题。在他们看来，即使有解答的可能，也不只是难以回答；令人深深怀疑的是，也许没有任何东西需要回答。在他们看来，提这种问题就像一个笨头笨脑的条顿人大吼一声"哇！"。"存在是怎么来的"对一个诗人或神秘主义者来说也许是一个有效的问题，对一个哲学家却不是。尤其是在盎格鲁—撒克逊世界，诗学与哲学两个阵营之间壁垒森严。

在《哲学研究》这本著作中，维特根斯坦对真问题和伪问题的区分非常敏感。一段话可能在语法形式上是一个问题，实际上却不是。或者，语法可能会误导我们，让我们把两种不同的命题

---

① 维特根斯坦，《逻辑哲学论》（伦敦，1961），6.44。

混淆起来。“同胞们，一旦敌人被打败，在胜利的时刻我们还有什么做不到？”听起来是一个期待答案的疑问句，但实际上是一个反问句，回答“没有什么！”是不明智的。这句话诘问的语气仅仅是为了提升气势。“那又怎么样？”“你怎么不滚？”“你看什么看？”听起来是问话，实则不然。“灵魂在身体何处？”可能听起来像一个合理的问题，但仅仅是因为我们把它当做“肾脏在身体何处？”一类的问题来思考。“我的嫉妒心在哪儿？”这个问题具有真问题的形式，但仅仅是因为我们无意识地把它和“我的腋窝在哪儿？”当做一类问题。

维特根斯坦进而认为，大量的哲学难题都源于此类语言误用。比如，“我有点痛”和“我有顶帽子”在语法上是相似的，这种相似性可能会误导我们去认为，能够像拥有帽子那样拥有疼痛，或者是拥有更一般的“感受”。但是，说“来，拿着我的疼痛”这种话是奇怪的。询问“这是你的帽子还是我的？”是有意义的，但要问“这是你的疼痛还是我的？”听起来就怪怪的。想象一下几个人在房间里，像玩击鼓传花一样传递疼痛；随着每个人轮流痛得弯下腰，我们大叫：“啊，现在**他正在**拥有疼痛！”

这听起来愚蠢，实际上却有一些相当重要的暗示。维特根斯坦将“我有点痛”和“我有顶帽子”在语法上进行区分，不仅向我们展示了“我”与“他”这样的人称代词的用法，而且颠覆了将个人感受当做私有财产的传统思维。实际上，我的感受比帽子更具私人性，因为我可以扔掉自己的帽子，但不能扔掉疼痛。维特根斯坦告诉了我们，语法如何蒙蔽着我们的思维；他的论断具有激进的，甚至是政治上激进的后果。

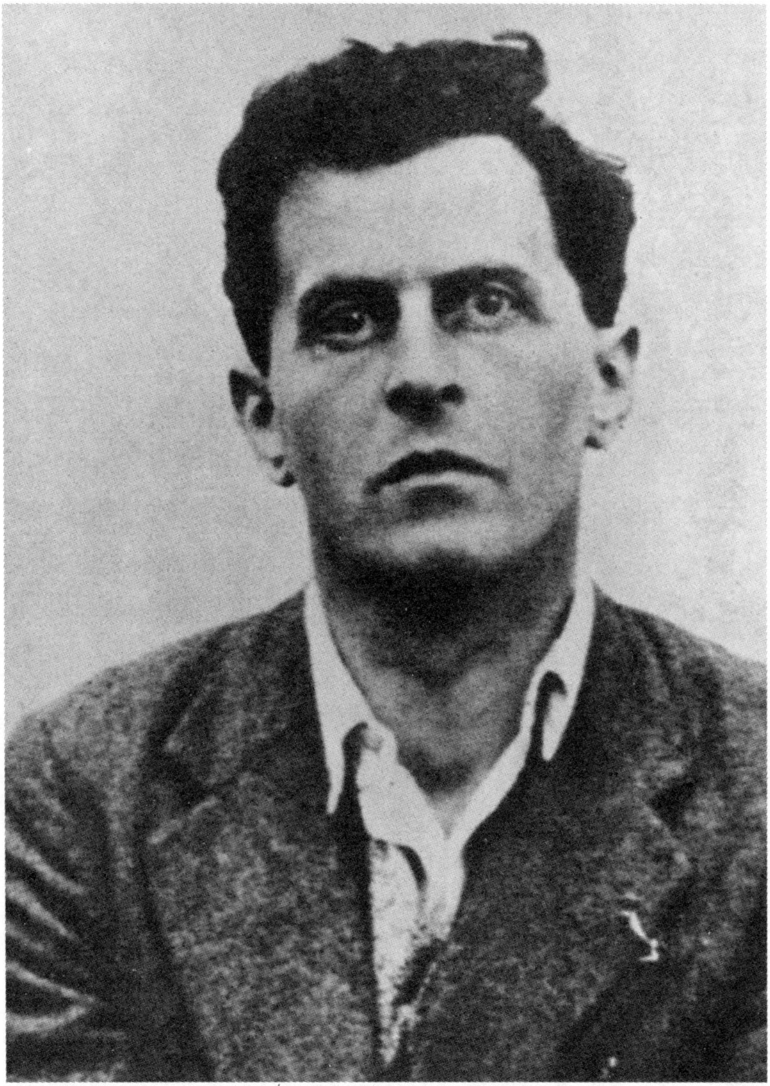

图 1　路德维希·维特根斯坦，常被认为是20世纪最伟大的哲学家

维特根斯坦认为，哲学家的任务不是解决这些疑问，而是**消解**它们——去揭示它们所产生的根源，即各种他所谓的“语言游戏”之间的相互混淆。我们被自己的语言结构所魅惑，哲学家的工作是祛魅，拆解开词语的各种用法。由于语言必然具有一定程度的规整性，它很容易让不同类型的话语显得极为同一。所以，维特根斯坦戏谑般地引用了《李尔王》中的一句话作为《哲学研究》的卷首题词：“我来教你什么是差别。”①

不单单是维特根斯坦这么想。尼采是19世纪最伟大的哲学家之一，在怀疑是不是出于语法的原因我们才无法摆脱上帝时，他已经比维特根斯坦先行一步。既然语法允许我们建构一系列名词，而名词代表独特的实体，那么，似乎也可以建构一个位于一切名词之上的名词，一个被称做“上帝”的元实体，若没有它，我们身边所有的小实体都将崩溃。然而，尼采既不相信元实体，也不相信那些日常的实体。他认为，诸如上帝、醋栗等独特客体的理念本身正是语言的具体化效应。就个体自我来说，他当然相信是这样的，“个体自我”在他看来不过是一种省事的虚构。他在上面的评论中暗示说，也许存在着一种人类语法，在这种语法中，不可能发生具体化效应。也许这将是未来的语言，说这种语言的是“超人”（德文叫做 Übermensch），而超人已经完全超越了名词和单个的实体，自然也就超越了上帝之类的形而上学幻象。深受尼采影响的另一位哲学家雅克·德里达，在这一论题上更为悲观。他和维特根斯坦一样，认为这种形而上学幻象深植于我们的语言结构之中，根本不可能消除。哲学家不得不向

① 参见《李尔王》第一幕第四场。朱生豪译为“我要教训你知道尊卑上下的分别”。——译注

它们展开一场克努特式的永无休止的战争——维特根斯坦视之为某种语言疗法，德里达则称之为“解构”。①

正如尼采认为名词有具体化效应，有人可能会认为在“人生的意义是什么”这个问题中，“人生”一词也是如此。我们稍后会详细考察这一点。也许还可以这样想：这个问题无意识地把自己和另一个问题叠加在了一起，这才是它误入歧途的地方。我们可以说“这个值一块钱，那个也值一块钱，那么两个加起来值多少钱？”似乎我们也可以说“这段人生有意义，那段人生也有意义，那么各段人生加起来有什么意义？”可是，各个部分有意义，并不意味着整体就有一个超越于各部分之上的意义，就像有许多小东西，不能仅仅因为它们都被涂成粉色，就可以组装成一件大东西了。

无疑，以上这些都没能让我们接近人生的意义。不过问题是值得探究的，因为在判定什么可以充当答案时，问题的本质很重要。我们甚至可以说，难就难在提出问题，而不在于寻找答案。众所周知，一个愚蠢的问题只能招来同样愚蠢的答案。提出正确的问题能够打开一片崭新的知识领域，并使其他极其重要的问题随之浮现。处于所谓精神的解释学转向中的一些哲学家，认为现实就是任何能为问题给出答案的东西。只有当我们向现实发问的时候，现实才会按发问的类型回应我们，就像一个惯犯，不加盘问，他不会自动说话。马克思曾经略带神秘地评论说，人类只会提出他们能够解答的问题——他的意思也许是说，假如我们具备提出某个问题的概念装置，那么理论上我们已然有了规定答案的手段。

① 更为详细的讨论参见拙文《维特根斯坦的朋友们》，收入《格格不入》（伦敦，1986年）。

这部分地是因为，问题不是在真空中提出的。的确，问题并没有让人省心地将答案直接绑在自己身后；但是问题暗示了哪种类型的回应至少可以充当答案。问题指给我们一些有限的方向，提示我们到哪里去寻找答案。撰写一部知识史的简便方法，是从人们认为能够提出或有必要提出的那类问题着手。并非任何问题的提出都可以不拘时间。伦勃朗不可能问"摄影是否淘汰了现实主义绘画"这样的问题。

这当然不是说所有的问题都能解答。我们习惯于有问必答，就像我们总觉得一堆碎片应该拼成原貌。但是世界上总归会有大量问题我们可能一直无法解决，还有许多问题永远不会有人去解答。拿破仑死的时候头上有多少根头发？当时没有任何记录，因而我们永远不会知道。或许人类大脑注定无法解决某些问题，比如智力的起源问题。或许这是因为，人类的进化并不要求我们这么做，正如人类进化也不要求我们去理解《芬尼根守灵夜》或者物理学原理。另一些问题没有答案，仅仅是因为它们本来就没有答案，比如麦克白夫人有几个孩子，或者福尔摩斯的大腿内侧有没有痣。对后面那个问题，肯定的回答或者否定的回答都是无效的。

照这么说，人生的意义这个问题可能确实有答案，但我们永远不知道它究竟是什么。如果是这样，那么我们的处境就好像亨利·詹姆斯的小说《地毯上的图案》里的叙事者，他所仰慕的一位著名作家告诉他，在他的作品中隐藏着某种设计，这个设计内含于每一个词组的意象和转折之中。但还没来得及告知那充满困惑又极为好奇的叙事者谜底，作家就死了。可能作家在故意捉弄叙事者。也可能他觉得作品里有某种设计，实际上却没有。也可能叙事者自始至终都看出了这种设计，自己却浑然不知。也可能呢，他自己能编造出来的任何一种设计都能算做谜底。

甚至还可以这样来设想：不知道人生的意义正是人生意义的一部分，就像我发表餐后演讲的时候不知道自己说了多少个字，这反而有助于我圆满地完成演讲。也许正如马克思眼中的资本主义一样，人生就是依靠着我们不去理解它的根本意义而顺利进行下去的。哲学家阿图尔·叔本华也有这种思想，西格蒙德·弗洛伊德在某种意义上也是如此。写过《悲剧的诞生》的尼采认为，人生的真正意义对人类来说太恐怖了，我们需要各种安慰性的幻象才能继续生活下去。我们所说的“人生”不过是一种必要的虚构。如果不掺入大量的幻想的润滑剂，现实就会慢慢地停顿下来。

另外，有些道德问题也没有答案。因为存在着各种不同的美德，比如勇气、怜悯、正义等，这些美德有时无法互相兼容，有可能引发悲剧性的冲突。社会学家马克斯·韦伯曾以苍凉的笔调评论：“诸种可能的人生态度无法调和，因而它们之间的冲突没有终极的解决方案。”[①]以赛亚·伯林曾以同样的笔调写道：“在我们所遭遇的日常经验的世界中，我们面临着一些同样绝对的选择，实施某种选择必然会牺牲掉其他选择。”[②]有人可能会说，这反映了自由主义的悲剧倾向，这种倾向不同于现如今对“选择”或“多元选择”的盲目崇尚，它已经准备好承担追求自由与多元需要付出的代价。这也和另一种更加乐观的自由主义意见相左，后者认为多元主义本质上是有益的，各种道德价值观的冲突反

① 马克斯·韦伯，《社会学论文集》，H. H. 格特与C. 赖特·米尔斯合编（伦敦，1991年），第152页。

② 以赛亚·伯林，《自由四论》（牛津，1969年），第168页。

而会激发社会的活力。但事实是,有某些情形下,人不可能全身而退。只要情况足够极端,每一种道德原则都将在接缝处解体。托马斯·哈代深深意识到人可能会在无意中把自己陷入道德困境,在此困境中,不管你作出什么选择都将对人造成严重伤害。倘若一个纳粹士兵命令你交出你几个孩子中的一个来被杀死,你愿意牺牲哪一个?这个问题根本没有答案。①

政治领域亦是如此。恐怖主义的唯一终极的解决方案很显然是实现正义的政治。在这个意义上,恐怖主义尽管残暴,却并不是非理性的:比如北爱尔兰那些通过恐怖手段来促进政治目标的人,在意识到他们所提出的正义与平等的诉求已经得到部分满足后,认为眼下再实施恐怖活动只会产生反面效果,于是同意停止恐怖活动。但也有些进行恐怖活动的伊斯兰原教旨主义者声称,就算阿拉伯社会提出的条件得到满足——巴以问题公平解决,美国从阿拉伯领土上撤销军事基地,诸如此类——他们伤害和屠杀无辜平民的行为也不会停止。

可能真的不会停止。但是这不过是说,问题目前已经升级至所有可行的手段都无法解决的程度。这不是失败主义的看法,而是认清现实。从可纠正的目标所生发出来的毁灭性力量,可能会获得属于自己的致命能量,无法止步。也许现在再来阻止恐怖主义的蔓延为时已晚。现在的恐怖主义问题已经没有解决的办法了——几乎所有的政客都不会公开承认这一点;绝大多数民众,尤其是向来乐观的美国人,都很难接受这一点。尽管如此,事实可能真是这样。为什么人们总是觉得,有问题就必然有解决方案呢?

悲剧乃是诸多无乐观方案的人生意义问题中最有力的之

① 讨论道德两难困境,可参看罗莎琳德·赫斯特豪斯,《论德性伦理》(牛津,1999年),第三章。

一。在所有的艺术形式中，悲剧最彻底、最坚定地直面人生的意义问题，大胆思考那些最恐怖的答案。最好的悲剧是对人类存在之本质的英勇反思，其源流可追溯至古希腊文化，这种文化认为人生脆弱、危险、极易受到打击。对古代的悲剧家来说，这个世界只能透过理性的微光才能断断续续地看清；过去的行为施重压于当下的欲求，将其扼杀于萌芽状态；残暴的报复性力量把人玩弄于股掌之间，想把他们撕成碎片。只有低下你卑微的头颅，膜拜各种凶恶多端，极少值得人尊敬、更不用说值得崇拜的神灵，你才有望颤颤巍巍地跨过人生的雷区，存活下来。在这片危险地带原本能帮助你站稳脚跟的人性力量，可能经常失去控制，以至于与你敌对并使你堕落。正是在这种令人恐惧的处境下，索福克勒斯《俄狄浦斯王》中的歌队唱出了阴沉的尾章："没有人是快乐的，直到死亡的那一刻，人才算解脱痛苦。"

这算是对人类存在问题的一种回应，但很难称得上是答案。悲剧经常会展现没有答案的事件：为何个体生命会被碾压或伤害到无法忍受的程度？为何不公正与压迫似乎主宰着人类事务？为何父亲会受到欺骗，去咀嚼自己遇害的孩子那烤焦的肉？或许，唯一的解答隐藏在人类对这些事件的承受力，以及悲剧讲述这些故事的思想深度和艺术技巧之中。最有力的悲剧是一个没有答案的问句，刻意撕掉所有观念形态上的安慰。如果悲剧千方百计告诉我们，人类不能照老样子生活下去，它是在激励我们去搜寻解决人类生存之苦的真正方案，而不是异想天开、渐进改良，也不是感情用事的人文主义或者理想主义的万灵药。悲剧一方面描绘了一个亟待救赎的世界，另一方面也提醒我们，救赎观念本身可能只是另一种把我们的注意力从一种恐怖上移开的手段，这种恐怖可能会把我们变成石头。[1]

海德格尔在《存在与时间》中说，人类与其他存在物的不同之处在于，他们具有反省自身存在的能力。对人类这种生物来说，不仅存在的具体特征有问题，连存在本身也有问题。按照他的理论，某些具体的处境可能会让一只疣猪感到有麻烦，而人类是一种特殊的动物，他们把自身的处境当做一个问题、一种困惑、一个焦虑之源、一片希望之地，或者是负担、礼物、恐惧或荒诞。这部分地是因为人类意识到他们的存在是有限的，而疣猪想来并不知道自己的有限性。人类也许是唯一一种永远生活在死亡阴影下的动物。

不过，海德格尔的思想有其独特的“现代”特征。我们自然不是在说亚里士多德或匈奴王阿提拉没有意识到生命的有限，虽然阿提拉可能更多地意识到别人而不是他自己的终有一死。同样正确的是，部分地因为人类拥有语言，他们具有把自身的存在对象化的能力，而一只乌龟想必是没有的。我们可以谈论“人的境况”，一只乌龟却不大可能在龟壳里沉思身为乌龟的境况。在这个意义上，后现代主义者和乌龟很像，两者都对自身的境况全然陌生。换句话说，语言不仅使得我们把握自身，也帮助我们从整体上思考自身的境况。我们依靠符号生活，而符号具有抽象把握的能力，我们可以把自己从切身处境中抽离出来，从肉体感官的禁锢中解放出来，进而反省自身的处境本身。然而，抽象能力像火一样有利有弊，兼具创造与毁灭的潜能。抽象能力帮助我们形成人类共同体的意识，它也帮助我们制造化学武器摧毁人类共同体。

---

① 拙著《温柔的暴力：悲剧的理念》（牛津，2003）更详细地讨论了悲剧的理念。

要拉开这种距离并不要求我们完全跳脱自身，也不要求我们像奥林匹斯山上的神那样俯视世界。反思自身存在本身就是我们存在的一种方式。即使如后现代主义所说的，“人的境况本身”是一种形而上学海市蜃楼，它仍然是一个能够加以思考的对象。无疑，这与海德格尔的观点有几分相近。其他动物会为躲避追捕、喂养幼雏这样的事感到焦虑，但它们不会产生我们所说的“本体论的焦虑”：感到自己是一个没有方向、多余的存在（有时伴随着极为强烈的惆怅）——如萨特所说，是一股“无用的激情”。

尽管如此，20 世纪的艺术家和哲学家远比 12 世纪的更容易把恐惧、焦虑、恶心、荒诞等当做人类处境的一般特征。现代主义思想的标志性特征是一种信念，认为人的存在是**偶然的**——没有根基、没有目标、没有方向、没有必然性，人类本来很有可能从未出现在这颗行星上。这种可能性掏空了我们的现实存在，投射出恒常的失落和死亡的阴影。即使是狂喜的时刻，我们也颓丧地知道脚下的根基宛如沼泽——我们的身份与行为缺乏牢固的基础。这可能让我们的美好时光变得更加珍贵，也可能让它们变得毫无价值。

对于 12 世纪的哲学家来说，上面这种观点没有多少支持者，他们把上帝当做人类存在的坚实根基。但即便如此，他们也不认为人类在世界上的存在是必然的。实际上，那样想会被视为异端。宣称上帝凌驾于宇宙万物之上，意思也就是说上帝本没有必要制造万物。他造出这个世界是出于爱，而非出于必要。造人也是出于同样的原因。人类的存在是没有理由的——是一种恩惠或礼物，而非必不可少。即使人类不存在，上帝也可以活得很好，甚至日子还过得清净些。正如某个不肖逆子的父亲一样，上帝极有可能在暗中懊悔，为什么自己要决定当父亲。人类先是破坏了他制定的律法，然后变本加厉，又背弃了对他的信仰，并且蔑视他的命令。

也许从某种意义上说，追问人生的意义是人类永恒的可能性，是人之所以为人的要素之一。《旧约》中的约伯像萨特一般坚持追问人生的意义。然而对于大多数希伯来人来说，这个问题可能没有意义，因为答案太明显了。耶和华和他制定的律法便是人生的意义——不承认这一点近乎不可思议。就算是约伯，那个把人类的存在（至少他自己的存在）当做越快消失越好的可怕错误的约伯，也承认耶和华无所不在。

在古代的希伯来人看来，问“人生的意义是什么？”就好像问“你相信上帝存在吗？”一样奇怪。而对现在大多数人，包括许多信教的人来说，后一个问题在潜意识中和“你相信圣诞老人存在吗？”“你相信外星人绑架事件吗？”属于同一类问题。他们的想法是，某些存在物，比如上帝、喜马拉雅山雪怪、尼斯湖水怪、UFO来客等等，可能存在，也可能不存在。证据不充分，观点自然有分歧。但古代希伯来人面对“你相信上帝存在吗？”这个问题时可不这么想。由于耶和华的存在显现于整个天地之间，这个问题的意思只能是：“你信仰上帝吗？”这不是一个思辨的命题，而是一个实践问题。它问的不是观点，而是一种关系。

因此，尽管有海德格尔极为普遍的主张，前现代的人也许不像我们现代人那么受人生的意义问题困扰。这不单是因为他们的宗教信仰比我们坚定，还因为他们的社会实践比我们更少有问题。或许在那个时代，人生的意义差不多等于遵循祖先的行事惯例和亘古以来的社会规范。宗教和神话在那里，在那些具有根本重要性的事项上指导你。你有专属于你自己、迥异于别人的人生意义——这种观点没有多少支持者。大致来说，你个人的人生意义就在于你在一个更大的整体中发挥的作用。离开这个背景，你只是一个空洞的符号。“个人”（individual）这个词原本表示“不可化约”（indivsible）或“不可分割”。荷马笔下的奥德赛大约就持这个观念，莎士比亚笔下的哈姆雷特则绝对不这么想。①

感觉你的人生意义属于一个更大的整体，这和强烈的自我意识并不矛盾。这里的关键是个体自我的意义，而不是自我的客观状况如何。这不是说前现代的人不关心“我是谁”或“我在做什么”之类的问题，只是他们绝大部分不像阿尔贝·加缪或 T.S. 艾略特年轻时期那样为这种问题焦虑。这很大程度上和他们的宗教信仰有关。

如果说前现代文化大体上不像弗兰兹·卡夫卡那般为人生的意义所烦扰，后现代文化似乎也是如此。置身于发达的后现代资本主义社会的实用主义和市侩气息中，加上它对远大图景和宏大叙事的怀疑、对形而上事物的固执的祛魅，“人生”和许多其他总体性概念一样已经名声扫地。我们被诱使只考虑生活中的小问题，不去思考大问题——讽刺的是，与此同时，那些试图毁灭西方文明的人做法恰恰相反。在西方资本主义与激进的伊斯兰世界之间的冲突中，信仰的缺乏直面着信仰的过剩。西方世界发现自己正遭受一种狂热的形而上层面的攻击，而自己却处于可以说是在哲学上被解除了武装的历史时刻。关涉信念之处，后现代主义宁愿轻装上路：后现代主义诚然有各种各样的信念（beliefs），但没有信仰（faith）。

① 《奥德赛》是主人公回家的故事，寓意个人回到共同体；《哈姆雷特》则是个体觉醒的故事，王子将自身从王室家族中区别开来。伊格尔顿以此来说明古代和现代的区别。——译注

法国哲学家吉尔·德勒兹等后现代主义思想家甚至认为，“意义”这个词本身就很可疑。“意义”预设了一个事物能代表或代替另一个事物——有些人觉得这种观念已是明日黄花。“阐释”这个观念本身因此饱受质疑。事物该是什么就是什么，而非代表其他东西的神秘符号。所见即所是。意义和阐释暗示了信息和机制的隐藏性，即表象与深度的叠加；但是对于后现代主义来说，“表象／深度”这整套思维带有陈旧的形而上学意味。“自我”的观念同样如此，它已经不再关乎神秘的褶层和内在的深度，而是直观可见；自我是一个去中心化的网络，而不是神秘难解的精神。

这和用寓言来阐释世界的前现代思维不同。在寓言中，事物的意义并未直接呈现于表面；相反，它们必须被理解为某种“文本”或潜在真理的符号，通常是道德或宗教符号。在圣奥古斯丁眼中，直观地理解客体，这是一种世俗的、堕落的存在模式；相反，我们必须采用符号学的方式去解读它们，超越它们本身而指向宇宙这篇神圣的文本。符号学和拯救是连在一起的。现代思想在某种意义上与这种联系模式割裂开来，但在另一种意义上仍然忠实于这种模式。意义不再是埋藏在事物表面之下的精神本质。但意义仍然要被挖掘出来，因为这个世界不会自发地揭示它。这种挖掘行为有个名字叫做“科学”，在某种观点看来，科学就是在揭示事物运行所遵循的隐含的规律和机制。深度尚未消失，但现在在深度中发挥作用的是自然，而不是神性。

后现代主义随即把这个世俗化进程又往前推进了一步。后现代主义坚称，只要我们还有深度、本质和根基，我们就仍然活在对上帝的敬畏之中。我们还没有真正把上帝杀死并埋葬。我们只是给他新换了一套大写的名字，如自然、人类、理性、历史、权力、欲望，诸如此类。我们并未摧毁整套过时的形而上学和神学体系，只是用旧瓶装了新酒。"深刻的"意义总会诱惑我们去追寻那诸意义背后的元意义这种妄想，所以我们必须与之切割，才能获得自由。当然，这里的自由不是自我的自由，因为我们已经把"自我"这个形而上学本质同时消解掉了。到底这一工程解放了谁，这还是一个谜。情况也可能是，虽然后现代主义厌恶一切绝对根基，它还是偷偷地加入了一个绝对的信条。当然，这个绝对信条不会是大写的上帝、理性或历史，但它的作用同样是根本性的。像其他的绝对信条一样，再往它下面深挖是不可能的。对后现代主义来说，这个绝对信条叫做"文化"。

***

原本被视为理所当然的那些身份、信念和规则陷入危机之时，人生的意义之类的疑问就会浮现出来，变成严肃的问题。最伟大的悲剧作品往往也是在这些危机时刻出现，也许并非巧合。这不是要否认，人生的意义问题可能一直都是有效的。但是，海德格尔的《存在与时间》的写作时间恰好是历史动乱时期，问世是在一战之后，这与该书的观点无疑存在关联。萨特的《存在与虚无》探讨的也是此类重大主题，出版时间是二战时期；存在主义，及其对人生的荒诞感，总体上正是在二战后几十年间兴盛起来的。也许每一个人都会思考人生的意义；但有些人，由于充分的历史原因，想得比其他人更迫切些。

如果你被迫在总体上探究存在的意义，那么，结果很有可能是失败的。探究某个人自己的存在意义则是另一回事，因为他可能会说，这种自我反思与过一种完满的生活密不可分。一个从未问过自己人生过得如何、该如何更好地生活的人，会显得尤其缺乏自我意识。很有可能，这个人的生活在许多方面实际上没有看上去那么好。她没有自问过生命中各种境况的好坏，这本身就说明生活本可以过得更好一些。如果你的生活过得特别美好，其中一个原因大概是，你时常思考生活是不是需要有所改变，或者作一些大的调整。

无论如何，意识到自己过得不错，这很可能会提高你的幸福感；给自己的满足感锦上添花，何乐而不为呢？换言之，只有不知道自己快乐时才是快乐的，这话是错的。那是浪漫主义者的天真想法，对这种人来说，自我反思总是让人心里疙疙瘩瘩。这可被称为“悬崖间走钢丝”的人生理论：你稍微思考一下，幸福感立刻就坠入谷底。但是，知道自己过得如何，这是决定自己是去努力改变生活还是维持原状的必要条件。了解境况是幸福的助手，而非敌人。

不过，问人类存在的意义，这个问题本身就表明我们可能集体丧失了生存之道，不管我们作为个人活得如何。1870 或 1880 年的英国某地，维多利亚时代关于这一问题的某些信条开始瓦解；所以，托马斯·哈代和约瑟夫·康拉德这样的人提出了人生的意义问题，其关切程度之迫切是威廉·萨克雷和安东尼·特罗洛普无法想象的。还有比这些作家年代更早的人，简·奥斯丁。艺术家们固然在 1870 年前就提出过人生的意义问题，但极少是作为整个追问式**文化**的一部分。20 世纪前几十年，这一文化携本体论的焦虑，以现代主义的形式表现出来。这一思潮产生了若干西方世界有史以来最杰出的文学艺术。几乎每一重传统价值、信念和制度都发出了挑战，时机已然成熟，艺术可以提出关于西方文化本身之命运的最根本的问题，并进而提出关于人性本身的命运问题了。很可能某个乏味而庸俗的马克思主义者，会找到这次文化剧变与维多利亚晚期经济萧条、1916 年全球帝国主义战争爆发、布尔什维克革命、法西斯主义兴起、两次世界大战间经济衰弱、斯大林主义兴起、大屠杀爆发等事件之间的关联。我们自己则宁愿把思考限定在不那么庸俗的精神生活上。

这股丰富而不安的思想气质在不久前有一次余波，即存在主义;但是,到1950年代基本上就退潮了。这一思潮在1960年代的各种叛逆文化中有所展开;但到了1970年代中期,这种精神追求逐渐衰弱，在西方世界被日趋严酷和实用主义的政治环境遏制。后结构主义,以及随后的后现代主义,认为把人生当做一个整体来思考,这是声名狼藉的“人文主义”——或者说,实际上是某种“总体化”理论,而“总体化”理论直接酿成了极权主义国家集中营的惨剧。已经没有什么人性或人生可供沉思。只有种种差异、特定文化和本土境况才是思考的对象。

20世纪之所以有比以往多数时期更为痛苦的关于存在之意义的思考,一个原因或许在于,这个世纪的人命薄如纸。这是史上最血腥的时代，数以百万计的无辜生命遇害。如果生命在实际生活中被如此贬低，那么，人们自然想要在理论上质问其意义。但是,这里还有一个更为普遍的问题。现代时期的一个典型特征是,人类生命的所谓“象征维度”被一直挤到了边缘。在这一维度之内，有三个领域在传统上至关重要：宗教、文化和性。这三个领域随着现代时期的展开而越来越远离公共生活的核心。在前现代社会,它们的绝大部分既属于私人领域,也属于公共领域。宗教不但关乎个人良心和自我救赎，它还是国家权力、公共仪式和国家意识形态的内容。作为国际政治的一个关键因素，宗教塑造了从国内战争到王朝联姻等各个国家的历史命运。各种征兆表明，我们身处的时代将在某些方面改变这一局面。

至于文化领域，过去的艺术家不是那种孤独地躺在粗俗的波西米亚咖啡馆中的局外人，他们更像是公务员，在部落、家族或宫廷中行使规定的职责。如果没有受雇于教会，他就可能是受国家或某个有权势的赞助人雇佣。艺术家们一旦收到报价不菲的任务，去为一次追思弥撒谱曲，他们就不会那么热情地去冥思苦想人生的意义。更何况，这一问题很大程度上已经由他们的宗教信仰解决了。性，一如既往地是关于肉欲之爱和个人满足的问题。但是，它与亲缘、继承、阶级、财产、权力和地位等制度的关联程度，也要比今天的大多数人身上所表现的更加深入。

以上描述并不是要美化过去的好时代。过去的宗教、艺术和性在公共事务中的作用也许比现在更加重要；但是，出于同样的原因，它们也可能成为政治权力的忠诚侍女。一旦摆脱政治权力的束缚，它们就能享受某种从未设想过的自由和自主。但是，这种自由代价高昂。这些象征性活动继续扮演重要的公共角色；但是总体上，它们逐渐转入私人领域，在这里真正变成私人事务，其他任何人都不能干预。

这和人生的意义问题又有什么关系呢？答案是，这些正是人们传统上探寻自身存在之意义和价值时所指向的领域。爱、宗教信仰以及对家族血缘与文化的眷恋：很难找到比这些更为根本的生命理由。事实上，许多世纪以来，很多人愿意为了这些理由而献出生命或亮出屠刀。公共领域自身越是日益丧失意义，人们就越是急切地想寻求这些价值。事实和价值似乎分离了，前者变成了公共事务，后者则属于私人事务。

资本主义现代性看起来把一套几乎纯粹是工具性的经济制

度强加给了我们。它是一种生活方式,追求权力、利润和物质生存条件，而不是培育人类共享和团结等各种价值。政治领域的内容更多的是管理和控制问题，而不是齐心协力塑造一种共同生活。理性本身被贬低为自私自利的算计。道德也越来越变成一桩私人事务，成为在卧室而不是会议室中讨论的话题。文化生活在某种意义上变得愈发重要，成长为物质生产的一个单独的行业或分支。但在另一种意义上，文化又降格为一种社会秩序的门面装饰，这种社会秩序只关心那些可以标价和测算的东西。文化现在主要变成了人们工作之余打发时间的无害手段。

但这里有一个讽刺。文化、宗教和性越是被迫充当衰落的公共价值的替身，它们就越无力扮演这种角色。意义越是集中在象征领域,这一领域就越是被意义施加的压力所扭曲。结果,生命的这三个象征领域都开始显出病征。性演变成色欲的沉迷。性是这个枯燥的世界中仅存的少数几种快乐源泉之一。性刺激和性暴力代替了已经丧失的政治斗争热情。艺术的价值也相应地膨胀。对于唯美主义运动来说，艺术现在完全是一种生活方式。对于某些现代主义者来说，艺术代表了人文价值在人类文明中最后一片飘摇的立足之地——艺术本身对文明已经嗤之以鼻。然而,这只体现在艺术作品的形式上。由于艺术内容不可避免地反映着周遭的物化世界,它无法提供持久的救赎资源。

同时,宗教越是充当公共意义不断流失后的替代选择,它就越是被灌输为各种糟糕的原教旨主义。若非如此，则被灌输为新时代运动的噱头。简单地说,宗教精神变得要么硬如岩石,要么沉闷乏味。人生意义问题的解释权，现在掌握在宗教领袖和精神调理师、制造迷醉式满足感的技术专家，以及心灵按摩师的手中。你只要掌握正确的技术手段，就能确切地在短至一个

图 2　在巨石阵举行的“新时代运动”集会

月的时间内把无意义感像多余的脂肪一样排出体外。被谄媚冲昏了头脑的名流们转而寻求犹太教神秘主义哲学和科学论派的解释。他们听到那种陈腐的谬论感到很受用，这种谬论认为精神必然是奇特而神秘的，而不是实践的、物质的。毕竟，名流（至少在内心）想要逃脱的正是表现为私人飞机和成群保镖的物质。

对于以上各类人来说，精神不过是物质的对立面。它是一种营造出来的神秘领域，可用来补偿世俗声誉的虚无。精神性的东西越是模糊——越是与一个人的经纪人和会计师的冷漠算计不相像，似乎就越是有意义。如果说日常生活缺乏意义，那么，它就需要人为地用材料来填充。偶尔可以加点占星学或者巫术，就像给每日膳食添加几片维生素一样。你若正在无趣地为自己物色下一套配有五十间卧室的豪宅，这时候突然来研究一会儿古埃及人的秘方，这该是多么惬意的调剂啊。更何况，既然精神性全部存在于意识中，你就不必去做任何麻烦的事，比如把金钱散发给无家可归的人以摆脱操持豪宅的烦恼。

事情还有另一面。如果说象征领域已从公共领域中脱离了出来，那么它仍然遭受着后者的侵扰。性被包装成了市场上贩卖的牟利商品，文化则成为逐利的大众媒体的主角。艺术变成了金钱、权力、地位和文化资本的事。各地文化现在成了旅游产业包装和贩售的异域风情。甚至宗教也把自己改造成营利的产业，电视里的福音传道者们从虔诚而天真的穷人手中骗取血汗钱。于是，象征领域和公共领域中最糟糕的东西都被强加到我们头上。传统上充满意义的地方不再对公共领域真正有影响力；但它们还受到商业力量的猛烈侵占，于是变成意义流逝的帮凶，这种流逝正是它们曾努力抵抗过的。现已私人化的象征生活领域不堪烦扰，开始提供自己无力恰当提供的东西。结果，甚

图 3　原教旨主义派头十足的美国福音派电视演说家杰里·福尔韦尔

至在私人领域,寻找意义也变得愈发困难。文明焚毁、历史崩溃之际,你想混混日子,或者摆弄摆弄自己的花园,已经不再像以前那样行之有效了。

在我们的时代,最流行、最有影响力的文化产业之一无疑是体育。如果你问,是什么为现在许多人,尤其是男人的人生提供了意义,回答“足球”总不会错。也许,没有多少人愿意承认;但体育运动,在英国特别是足球,已经取代了许多高尚的事业——宗教信仰、国家主权、个人荣誉、道德归属;几个世纪以来,人们一直愿意为这些事业献出自己的生命。体育包含不同团体间的忠诚和敌对、象征性仪式、炫目的传奇故事、偶像般的英雄、史诗般的战斗、华丽的美感、身体上的实现、精神上的满足、壮丽的奇观和强烈的归属感。体育还创造了人群的集体感和直接的肉体参与,这是电视无法做到的。失去这些价值,许多人的生活就会变得空空荡荡。现在人民的鸦片不是宗教,而是体育。实际上,在基督教和伊斯兰教原教旨主义泛滥的世界里,宗教与其说是人民的鸦片,不如说是大众的强效可卡因。

我们这个时代假冒的心灵导师和智者，代替了那些业已失败的传统神灵。例如,哲学家们似乎已被贬为穿着白色外套的语言技师。没错，把哲学家当做人生意义的向导是一种普遍的谬见。但即使是这样，哲学家肩负的工作也不该仅仅局限于通过辨析“什么都无所谓”和“什么都无聊”之间的语法差别,来劝阻自杀者跳窗轻生吧。[1]同时,日益发展的世俗化进程,以及教会所犯的各种罪行和蠢事,败坏了神学的清誉。实证主义社会学和行为主义心理学,以及丧失远见的政治学,一道促成了知识分子阶

① 牛津大学教授吉尔伯特·莱尔曾称,他通过解释这两句话的区别而成功劝阻了一位学生自杀。

图 4　大悲大喜：一位体育迷

层的背叛。人文学科越是为经济需要所吸纳，就越是容易放弃探究那些根本的问题；所以，塔罗牌贩子、金字塔式营销者、亚特兰蒂斯的化身和“灵魂排毒者”之流也就越是蜂拥着去填充知识分子所放弃的阵地。人生的意义，现在可是一项获利颇丰的产业。题为“商业银行家的形而上学”之类的书籍有很大的市场。不再沉迷于赚钱的男男女女们，转而向心灵真理的供应商寻求帮助，让后者靠贩卖这些东西又大捞一笔。

在现代性的纪元，重新挑起人生的意义问题还有什么其他理由呢？有人可能猜想，现代生活的问题是，意义既太多，又太少。我们身处现代性的时代，即说明我们淡忘了所有最根本的道德和政治问题。在现代时期，已经有过大量关于人生意义的争论，但论辩者们谁也不服谁。这说明，任何单一答案都必定显得可疑，因为有太多诱人的替代性方案可供选择。我们由此陷入某种恶性循环。一旦传统信仰在历史危机面前瓦解，人生的意义问题就会把自己推向前台。但是，这一问题是如此突出，以至于引发了广泛的回应；解决方案多得令人不知所措，从而削弱了其中任何一种方案的可信度。感觉提出人生的意义问题很重要，这本身就表明该问题很难回答。

在这种情形下，有些人总是有可能在多样的观点本身中找到人生的意义，或至少是其中相当多的一部分。持这一想法的人通常叫做“自由主义者”，尽管其中有些人也被称做“后现代主义者”。对他们而言，重要的不是去寻找人生意义问题的确切答案，而是有那么多极为不同的解答方式这一事实。实际上，能够在那么多观点中选择，这种自由本身可能就是我们所能碰巧找到的最珍贵的意义。所以，在某些人看来毫无希望的碎片化世界，在另一些看来则是鼓舞人心的自由世界。

对于大多数热情地追求人生意义的人而言，最重要的是追求的结果。对自由主义者和后现代主义者来说，最重要的则是令人愉悦的众声喧哗；在他们看来，对话和我们要挖掘的意义同样重要。人生的意义就在于追寻人生的意义。许多自由主义者更喜欢问问题，而不是找答案，因为他们觉得答案过于限制人的思维。问题是自由浮动的，答案则不是。关键是要保持好奇心，而不是用某种枯燥的答案对这个问题下定论。的确，这个思路没法很好地解决“我们怎样才能在他们饿死之前提供食物？”或“这是不是预防种族谋杀的有效方式？”这类问题，但是，也许这些问题对自由主义者来说级别太低了。

可是，多元自由主义也有自身的局限。因为，为人生意义问题提出的某些答案不仅互相冲突，甚至完全相悖。你可以认为人生的意义在于关怀弱小，而我则认为人生的意义在于尽量欺凌患病、无助的弱者。我们两人的观点可能都是错的，但不可能都是对的。即便是自由主义者在这里也一定会强烈地排斥某些观点，排除任何可能危害自由和多元的解决方案(例如建立一个极权主义国家)。自由绝不容许摧毁自身的根基，尽管激进主义者会声称，在资本主义条件下自由每天都在自掘坟墓。

在此意义上，多元主义也有自身的局限，即如果只有**一种**确定的人生意义，它对每个人来说就没有区别了。我可以说“我的人生的意义是，只要还有爬行的力气，我就要喝威士忌”；但是，我不能说“对我而言，人生的意义就是喝很多威士忌”，除非后一句是前一句的另一种表达方式。这就好似宣称“对我而言，雪花的颜色是略带品红色的青绿色”，或者“对我而言，‘木桩’的意思就是‘睡莲’”。意义不能由我任意决定。如果人生确实有某种意义，那也是对你、对我、对任何其他人的意义，是我们认为或希望人生所拥有的任何意义。不管怎样，也许人生有多重意义。我们为何想象它只有一种意义呢？就像我们能赋予人生多重意义一样，也许人生本来就有好几重内在意义——如果人生确有内在意义的话。或许，人生有多重目的同时在起作用，其中有些目的互相矛盾。又或许，人生时不时地会改变目的，就像我们所做的那样。我们不应该预设，那些给定的或内在的意义总是固定不变、独一无二。假使人生的确有一个目的，但这个目的与我们自己的努力方向完全相悖呢？情况可能是，人生有个意义，但历史上的绝大多数人对这个意义有所误解。如果说宗教是谬误，那么正是在这个意义上的谬误。

不过，本书的许多读者很可能会像怀疑圣诞老人的真实性一样怀疑“人生的意义”这个短语。这个短语看上去是个别致的概念，既真诚朴素，又自命不凡，很适合做“巨蟒”喜剧小组的讽刺主题。① 现在许多受过教育的西方人士，至少是宗教氛围过浓的美国以外的西方人，相信生命不过是进化过程中的偶发现象，它与一缕微风的起伏或腹中的一声闷响一样，没什么内在意义。然而，人生没有既定的意义，这就为每个个体提供了自主创造意义的可能。如果我们的人生有意义，这个意义也是我们努力倾注进去的，而不是与生俱来的。

从这个理论上讲，我们是书写自我的动物，无须由“人生”这个抽象概念来叙述自己的一生。对尼采或王尔德来说，我们所有人（只要有勇气）都能够成为以自己为作品的伟大艺术家，

① 除了“巨蟒”喜剧小组的电影《人生的意义》以外，还有一部同名电影，笔者曾在盐湖城的摩门堂观赏过。遗憾的是，我已经完全忘了这部电影认为人生的意义是什么，部分是因为我对这部电影时长才四分钟感到惊讶了。

图 5 “巨蟒”喜剧小组的电影《人生的意义》中油腔滑调的圣公会牧师，由迈克尔·帕林饰演

手中握着泥土,把自己捏塑成某个精致而独特的形象。关于这一点,我认为传统智慧的观点是,人生的意义不是预先规定好的,而是人为建构出来的;我们每一个人都有极为不同的建构方式。无疑,这里面包含许多真理;但因为这也很枯燥乏味,我想以简短的篇幅来加以考察。本书的部分内容将专门质疑这种把人生的意义当做个人事业的观点,看看这种观点能有多大说服力。

第二章
意义的问题

“什么是人生的意义？”这个问题是少数几个字字皆可质疑的问题之一。甚至第一个词就有问题，因为对于数以百万计的宗教信徒来说，人生的意义不是“什么”，而是“谁”。一个忠诚的纳粹分子很可能以他自己的方式同意，人生的意义在于一个人——阿道夫·希特勒。人生的意义也许只有在时间的尽头才能得到揭示，化身为弥赛亚，款款而至。或者，全宇宙不过是某个超级巨人的拇指指甲中的一个原子。

不过，真正具有争议的是“意义”这个词。如今我们倾向于认为，一个词的意义即它在日常生活中的某个具体用法；但“意义”这个词本身有许多种具体用法。以下列举其中的部分：[①]

法语的“Poisson”一词表示“鱼”。

你真的想掐死他？

那些云意味着要下雨了。

她说“被跳蚤咬过的老驴子”，是指那边围栏里的那

① 以下的这些例句涉及英文“意义”(meaning) 一词的动词形式(mean)的具体用法，差别很大，中译文无法用同一个词表述，敬请读者谅解。——译注

头吗？

这桩不光彩的事有什么**意义**？

我**指**的是你，不是她。

薰衣草味的浴皂对他**具有**重大**意义**。

乌克兰人显然**来真的**了。

这幅画像**注定**是无价之宝。

拉维尼娅**心怀**善意，但尤利乌斯未必。

那位死者生前向侍者要“毒药”，也许他**指**的是“鱼”？[①]

他们的相遇看来几乎是**注定**的。

他发火不**表示**什么。

考迪莉娅**应该**在星期天午饭之前把瓶塞钻还回来。

这个词的这些用法大致可分为三类。一类是心里意图做某事，或心里想着某事；实际上，“意义”(meaning)这个词在词源上与“心灵”(mind)有关。另一类关乎“表示……的意思”。第三类将前面两类结合起来，表示“意图”这个动作，或者心里想以这个动作来表示某种意思。

“你真的想掐死他？”这句话显然是在问你的意图，或者当时你心里在想什么，“我指的是你，不是她”这句话也是同样的用法。说他们的相遇看来是“注定”的，是在说他们的相遇显得是出于一种神秘的意图，也许是命运的意图。“拉维尼娅心怀善意”表明她有善良的意图，虽然她的意图不一定会转化为实际行动。“考迪莉娅应该在星期天午饭之前把瓶塞钻还回来”表示我们觉得(或预计)她会这么做。“乌克兰人显然来真的了”是在

① 法语中的“鱼”(poisson)和英文中的“毒药”(poison)拼法很相似。——译注

陈述他们的目的或意图很坚决。“这幅画像注定是无价之宝”或多或少与“这幅画像被认为是无价之宝”是同义句，表示这是那些知情人“心里”的想法。这并不包含意图的观念。但其他大部分例句都含有“意图做某事”的意味。

与之相反，“那些云意味着要下雨了”和“薰衣草味的浴皂对他具有重大意义”并不是在说“意图”或心理状态。那些云并非“有意图表示”下雨，它们只是在表示而已。“薰衣草味的浴皂”不会有心理活动，说它对某人意义重大，只是在说这块肥皂表示许多内容。“这桩不光彩的事有什么意义？”是同样的用法，是在问这件事表示了什么。请注意，不是其中涉及的人物想要表示什么，而是该情形本身的含义。“他发火不表示什么”意思是他的怒火不表示任何内容，但不一定是指他主观上不想表示。这句话的意思与他的主观意图无关。如我们所见，第三类用法不是单纯的意图，也不是单纯的表示意思，而是有意图表示某种意思。这包括“她说‘被跳蚤咬过的老驴子’，指的是什么？”或者“他果真指的是‘鱼’？”这样的问题。

区分作为给定含义的“意义”，和作为意图表示某种意思的动作的“意义”，这非常重要。这两种意义的用法在“我想(表示意图)要鱼，但脱口而出的词却表示毒药”这句话中可以同时找到。“你想说什么意思？”意指“你心里的想法想表示什么？”而“这个词是什么意思？”问的则是该词在某个给定的语言系统内的表意价值。研究语言学的学者有时把这两种不同的“意义”含义区分为作为**动作**的意义和作为**结构**的意义。就后一种而言，一个词的意义是语言结构的一种功能——“鱼”这个词通过它在语言系统中占据的位置、它在系统中与其他词的关系等等而获得意义。那么，如果说人生有意义，也许这个意义是我们自己主动赋予的，就好比我们在一页纸上画一组黑色记号，表示某种意思；或者，这个意义与我们自己的活动无关，而是类似于作为结构或功能的意义。

不过，我们再把思路往前推，这两种“意义”不无关联。实际上，你可以想象两者是鸡生蛋、蛋生鸡一般的关系。“鱼”（fish）这个词表示某种有鳞片的水中生物，但之所以如此，是因为无数讲英语的人就是如此使用这个词的。这个词本身可被视为一系列历史活动所贮藏或积淀下来的成果。但相反，我只能用“鱼”这个词来指称有鳞片的水中生物，因为这个词在我的语言结构中表示的就是这个意思。

词语不是僵死的空壳，等着活生生的说话人倾注意义进去。我能意指（在意图说这个意义上）的东西受限于我所操语言中既有的意义。我不能“意指”一串完全无意义的词，尽管稍后我们将会看到，我仍然能用它来表示某种意思。我也不能意图说某种完全超乎我所操语言之外的内容，就像一个人如果事先没有脑外科医生的概念，就根本不可能意图成为一名脑外科医生。我不能随心所欲地让一个词意指某义。就算我说出“世界卫生组织”这个词时心里想的是一条熏鱼的生动画面，我说出口的意思仍然是“世界卫生组织”。

如果我们把意义当做词语在某种语言系统中的功能，那么，任何掌握了这个系统的人都可以说理解了词语的意义。如果有人问我，我怎么知道“永劫之路”（the path to perdition）的意义，回一句“我说英语”大概就够了。但是，这并不表示我理解这个词组的特定用法。因为这个词组能够在不同的场合指称不同的事物；要明白“意指”这个词在**这**个意义上是什么意思，我得考虑特定说话人在特定语境下意图表达的意思。简单来讲，我需要弄清这个词组的实际应用；只知道个别词语在词典里的意思是不够的。一个词在特定场合下的指称对象或者选择对象，并不总是那么容易分辨。澳大利亚土著语中有个表示“酒”的词是“弯腰”，因为土著居民第一次学会这个词是在殖民者们碰杯高呼“国王”的场合。[①]

我们可以谈及某人时说：“他说的**一个个字**我都理解；但连起来我就**不理解**了。”我熟悉他用的那些词的含义，但我搞不懂他对这些词的用法——他想指称什么，他暗含的态度是什么，他希望我明白什么，他为什么要我明白，诸如此类。为了搞清楚所有这些疑问，我得把他说的词放回到具体语境；或者换句话说，我得把这些词当做某种叙事话语的组成部分来把握。就这一点来说，光熟悉每个词的词典意义用处不大。在后一种情况下，我们讨论的是作为一种动作的意思——作为人们所做的事情、作为社会实践，作为人们在特定生活形式中运用特定符号的各种方式，这些方式有时意义不明并且互相矛盾。

那么，“意义”这个词的这些不同意思，对回答“人生的意义是什么？”这个问题有什么帮助呢？首先，“人生的意义是什么？”显然与“‘炫财冬宴’这个词的意义是什么？”不同。[②]前者问的是某一现象的意义，后者问的是某个词的意义。让人困惑的不是“人生”这个词，而是人生本身。另一方面，我们可以注意到，当有人哀叹“我的人生毫无意义”的时候，他们不是指人生就像一串诸如 ⋆&$?%的乱码一样毫无意义。相反，它更像是“随时随地，诚

---

① 英文中的“国王”（the King）和“弯腰”（ducking）的发音很像。——译注

② 炫财冬宴是北美西北海岸印第安人为炫耀财富、地位而进行的一种活动。——译注

意相伴，我们永远是您卑微而忠诚的仆人……”这种客套话一般地无意义。发觉人生无意义的人，并不是在抱怨他们不知道自己身体的构造，或者抱怨自己是陷入了黑洞或是坠入了海洋。怀有那种无意义感的人不只是意志消沉，而且还有精神病。他们所要表达的是，自己的生活缺乏深意（significance）。所谓缺乏深意，就是说缺乏核心、实质、目的、质量、价值和方向。这些人不是在说他们不能理解人生，而是他们没有什么东西值得为之生活。不是说他们的存在不可理解，而是空洞无物。但是，要意识到他们的生活空洞无物，需要大量的阐释，因而需要大量的意义活动。“我的人生毫无意义”是一句存在主义的陈述，而非逻辑陈述。一个感到人生无意义的人大概不会去找本字典来查意义，他更可能会去找自杀药丸。

莎士比亚笔下的麦克白不必实施自杀，因为他的敌人麦克德夫已经一剑送他上了西天；但是这位苏格兰篡位者最终也陷入了绝望的心境：

……熄灭了吧，熄灭了吧。短促的烛光！
人生不过是一个行走的影子，
一个在舞台上指手画脚的拙劣的演员，
登场片刻，就在无声无息中悄然退下；
它是一个愚人所讲的故事，充满喧哗和骚动，
却没有一点意义。

第五幕，第五场

这段话要比看上去更令人困惑。麦克白其实是在抱怨人生的两大方面——短暂易逝和空虚无聊，并且我们能够领会两者

图 6　惊恐的麦克白，由约翰·吉尔古德饰演

之间的联系。任何功名成就都因为如此短暂而变得虚空。然而事物的短暂性并不一定意味着悲剧：我们也可以把它看做事物存在的自然之道，不带有必然的感伤意味。假如美味佳肴终将消失，那么暴君和牙痛也将一同逝去。一次为所欲为、通向无限的人生会有意义吗？在此意义上，难道死亡不正是人生具有意义的先决条件吗？或者，这样的人生除了"拥有意味深长的存在方式"这一点，还会有别样的意义？不管怎样，如果人生的确如此短暂易逝，为什么这个念头会让你想把人生变得更短？（"熄灭了吧，熄灭了吧。短促的烛光！"）

麦克白的这段话意思是，人的存在就像一次戏剧表演，持续时间不会很长。但是，这一比喻的思路并不严密，因为，戏剧本来就不应该演太长时间。我们不想永远坐在剧院里。那我们为什么不能以同样的态度接受人生的短暂呢？甚至，人生的短暂应该更容易接受，因为人类生命的短促是自然规律，而话剧不是？另外，演员退场不等于她在台上的表演完全作废。恰恰相反，她的离场是整个话剧意义的一部分。她不是想走就走的。在这个意义上，剧场比喻与以下观念相反，即死亡会削弱和取消人的奋斗成就。

莎士比亚在想唤起一种消沉的人生观时，用的是拙劣的演员来比喻，这并非偶然。毕竟，这样的演员是最容易败坏自己的名声和钱包的人。人生就像一位拙劣的演员（"拙劣"兴许同时表示"无能"和"可怜"），无意义是因为做作、不真实、充满夸夸其谈。演员的台词不是她自己"表达"的意思，人生亦然。但，这个比较不也是谬误吗？这不也是把意义当做"意图要说"的内容？而我们已经看到，这种观念用于人生是不可靠的。

那么，"一个愚人所讲的故事"这个比喻呢？在某种意义上，这个比喻让人感到慰藉。人生也许很虚幻，但至少它组成了一个故事，故事必然带有基本的结构。这个故事也许讲得乱糟糟，但背后总有一个叙事者，不论他或她多么愚蠢。若干年前，英国BBC电视台拍过一版《麦克白》，麦克白的扮演者朗诵这段剧终台词时的语气不是断断续续的喃喃自语，而是充满憎恨的大声咆哮，对着头上方的镜头放声大吼，而这个镜头的位置代表的自然是上帝。上帝正是那位愚蠢的叙事者。按我们即将分析的叔本华的世界观，这出可怕的闹剧背后的确有一位作者，但是，有作者不等于整个故事符合情理。恰恰相反，这只是为闹剧的荒诞意味又添了一份讽刺。不过，这儿还有一个含混之处：整个故事是本来就很荒谬，还是因为叙述者是一个白痴而变得荒谬？又或两者皆有？这个比喻也许主观上无意表明，客观上却表明，人生是**有可能**有意义的，就像"故事"这个词可能提示的那样。怎么会有几段话字面上不表示任何意思，但仍然算一个故事呢？

人生就像一篇华丽的演讲，看上去很有意义，实则了无趣味。人生又像一位演技拙劣的演员，看上去要表达些什么，但能力不够。能指符号的泛滥（"充满喧哗和骚动"）掩盖了所指的缺失（"却没有一点意义"）。人生就像一段低劣的修辞，华丽地用空虚来填补空虚。人生充满欺诈，又毫无内涵。所以，当冒牌国王的政治野心最终化为嘴角的一缕灰尘时，真正的问题在于苦涩的幻灭感。不过，这个比喻也具有部分欺骗性。毕竟，演员就像任何人一样是真实存在的。他们的确在真诚地创造虚构故事，他们的舞台真实存在。[这个比喻也许在不由自主地暗示，这个世界（或舞台）就像演员一样不真实，而你总是可以断言人生不过是一场骗局，但布局的物质条件实实在在地存在。]"销声匿迹"的演员们只是退到了屏风后面，而不是进了坟墓。

《麦克白》的这段台词至少体现了两种关于“无意义”的概念。其中一个概念是存在主义的：人的存在是一片虚无，或一场空洞的闹剧。确实有很多意义存在着，但都是糊弄人的。另一个概念是所谓语义学的，暗指人生没有意义，就像一段疯子的话没有意义。这是一个白痴讲述的故事，不表达任何意思。人生既无法理解，又毫无意义。但严格说来，这句话不能同时说。因为如果人的存在真的无法理解，你就不能对它进行任何道德评价，比如你不能断定它没有意义。这有点像我们不能因为自己无法翻译某个外语单词而说这个词没有意义。

倘若人生的意义问题不同于解读一段无意义的话，那么，这个问题也不同于“Nacht 这个词在英文中是什么意思？”① 我们不是在做翻译，寻找一个系统里的某个词在另一个系统里的对应词。道格拉斯·亚当斯在《银河系漫游指南》中有一段著名描写：一台名叫“深思”的计算机被要求演算出全宇宙的终极答案，这台计算机花了七百五十万年来运算，终于得出答案：42。接着就需要制造另一台更大型的计算机，以弄清那问题究竟是什么意思。这不禁让人想起美国诗人格特鲁德·斯坦，据传她在临死前不断地问“答案是什么？”，最终沉吟的却是：“但问题是什么？”在虚无的边缘提出关于问题的问题，这似乎是现代人境况的贴切象征。

“深思”计算机给出的“42”，有趣之处不只是它的突降法——我们后面还将继续讨论这个概念。还有一个荒谬的地方在于，“42”居然能够充当这个问题的答案，这就好像别人问你“太阳有可能在什么时候寿终正寝？”你回答“两盒原味薯片，一只酱蛋”。我们在讨论的是哲学家所说的范畴谬误，这就是它显

① Nacht是德语“夜晚”的意思。——译注

得有趣的原因之一；类似的问题比如：投入多少感情才能让一辆卡车停驶？让人感到有趣的另一个原因是，面对这样一个许多人渴望回答的问题，它给出了一个简洁明了的答案，但我们对这个答案完全无从着手。“42”根本没法运用。我们无法凭借这个答案继续阐发。听上去这像个精确的、权威的解决方案，但实际上和回答“球花甘蓝”差不多。

这个答案的另一个滑稽特征是，它把“人生的意义是什么”这个问题当成与“Nacht 这个词的意思是什么”同属一类。正如德文单词“Nacht”和英文单词“night”之间存在等义关系，亚当斯的喜剧故事认为，人生也可以转化为另一种符号系统（这次是转化为数字系统，而非文字系统），结果呢，你可以用一个数字来表示人生的意义。或者，仿佛人生就是一个谜语、一道难题、一篇密码电文，可以像填字游戏那样被破译，找出巧妙答案。在这个玩笑背后，是一种把人生问题当成可以求解的数学问题的思维方式。“问题”这个词的双重含义也引发了滑稽效果：一个填字游戏或一道数学难题是问题，人的存在这种成问题的现象也算是问题。仿佛人生可以解码，会有那么一个“我解出来了！”的时刻，一个关键词——权力、吉尼斯、爱情、性、巧克力——灵光乍现，我们的意识便豁然开朗。

“人生的意义”这个词组里的“意义”一词，是否可能拥有类似于“某人意图表明什么”这个范畴的意思？当然不可能，除非（比如）你相信人生是上帝的言辞，即上帝借以向我们传达重要内容的一个符号或一段话语。伟大的爱尔兰哲学家贝克莱主教就是这么想的。在此情形下，人生的意义指的是意义的一个**动作**，即上帝（或生命力量，或时代精神[①]）意图通过它来传达的任

① 原文为德语词“Zeitgeist”。——译注

何内容。但是,如果有人完全不相信这些令人敬畏的实体呢?是否意味着人生注定毫无意义?

不一定。例如,马克思主义者通常也是无神论者,但他们相信人类生活——或者用他们更喜欢的词,“历史”——有其意义,能够展现出某种意味深长的模式。那些鼓吹所谓的辉格党历史理论,即把人类叙事当做自由和启蒙理性的持续展开的人,也认为人类生活形成了某种意味深长的模式,虽然这种模式不是什么至高存在放进去的私货。确实,这些宏大叙事现在已经过时;但它们至少指出了一点,即相信人生有意义并且不需要声称这意义是某个主体所赋予的,这是可能的。在意味深长的模式这个意义上,意义的确不等于意图说某事这个动作,或者红灯表示“停驶”这个意思。然而,这也的确是我们偶尔会用“意义”一词表达的意思之一。倘若人类生活中没有意味深长的模式,即使没有单独的个人想这样,结果也会造成社会学、人类学等人文学科全盘停摆。一位人口学家可以评价说,某一地区的人口分布“有其意义”,即便住在该地区的居民对这种人口分布的模式事实上一无所知。

这样就有可能让人相信:存在着某种意味深长的叙事深植于现实中,即便它不具有任何超人的源头。例如,小说家乔治·艾略特没有宗教信仰;但是拿《米德尔玛契》这部小说来说,和许多现实主义文学作品一样,它预设了历史本身含有一个有意义的设计。经典现实主义作家的任务与其说是要虚构一个寓言,不如说是要把内含于现实中的隐藏的故事逻辑表现出来。与之相反,现代主义作家,比如乔伊斯,他觉得模式不是从宇宙中挖掘出来,而是被投射到宇宙之中的。乔伊斯的小说《尤利西斯》,从书名所指的希腊神话就可以看得出来,全篇都经过精心营造；但部分荒唐之处在于，随便什么神话也许都可以起到同样作用，赋予这个偶然的、杂乱的世界某种秩序的假象。

在把"有意义"视为"揭示了某种意味深长的设计"这种宽泛理解中，我们可以不预设意义背后有个作者，便谈论某物的意义；讨论人生的意义的时候，这一点值得留意。宇宙可能没经过有意设计，它几乎肯定也不是想表达些什么，但也不是全然杂乱无章。相反，它的深层规律显示出某种美感、对称和简洁，能令科学家们感动落泪。认为这个世界要么是由上帝给定意义，要么完全混乱而荒谬，这是一种错误的二元对立思维。即使那些碰巧把上帝当做人生终极意义的人，也不必非要认为，没了这块神性的基石，就将没有任何连贯的意义。

宗教原教旨主义有一种神经质似的焦虑，觉得如果没有一种所有意义背后的终极意义，意义就根本无以立足。这不过是一种轻率的虚无主义。这种想法的实质是，总觉得人生像纸牌搭建的房子一样：轻轻弹开底部那一张牌，整个脆弱的结构便会散落。这么想事情的人不过是一种象征说法的囚徒。实际上，许多宗教信徒都排斥这种观点。没有一位有理智、明是非的信徒会认为，非信徒注定要陷入绝对的荒谬之中。他们也不会必然认为，由于有了一个上帝，人生的意义问题就变得一清二楚。恰恰相反，一些怀有宗教信仰的人认为，上帝的存在使得这个世界更加神秘莫测，而不是变得明朗易解。即使上帝的确有一个明确的旨意，那也是我们猜不透的。在这个意义上，上帝不是解开问题的答案。他容易让事情复杂化，而不是让一切变得不言自明。

在同时思考自然有机体和艺术作品时，哲学家伊曼努尔·康德在《判断力批判》中认为，两者展现了"无目的的目的性"。人体没有目的；但我可以说，各个器官依据它们在整个身体系统中的位置而具有特定“意义”。并且这些意义不是由我们自身决定的。人的双脚不是由谁设计的，我们也不能说，脚的“目的”是帮助我们踢、走、跑。但是，脚在人体这个有机体中具有特定功能，所以，一个不懂人体解剖学的人问脚有什么意义是合情合理的。“意义”的其中一个意思是某个系统内特定词语的特定功能，同样，我们可以稍微延伸一下语言系统的范围，声称脚在作为整体的身体中是有意义的。脚不只是腿的尽头一只随意的垂片或铰链。

再举个例子：听到狂风神秘地吹过树木时，你问“那响声是什么意思？”并不会显得太奇怪。无疑，狂风不是想表达什么含义；但它的声响还是“表示”了一些信息。我们如果要满足提问者的好奇心或安抚其紧张心理，可以讲述一点儿关于气压、声学等的故事。同样，这不是我们自己能决定的意义。我们甚至可以说，一些随意摆放的卵石，也能表达出某种意义——这些卵石不经意间拼出了（例如）“一切权力归属苏维埃”，即便没有人怀着这个目的摆放它们。[①]

有些事物的出现纯属意外，比如生命看起来就是如此，但仍然可以展现出某种构思。“意外”不等于“不可理解”。交通意外并非不可理解。它们并非完全毫无来由的反常事件，而是一系列具体原因所导致的后果。只不过这个后果并非当事人有意为之

① 罗杰·斯克鲁顿在他的《现代哲学》（伦敦，1994）的第251页驳斥了这种观点。斯克鲁顿自己使用的短语不是“一切权力归属苏维埃”，而是“上帝已死”——一个无意为之但颇具意义的选择，因为尼采曾高呼上帝已死，或者说意义的终极母体已死，而这被认为会导致意义阐释的无政府状态。我自己举的例子无疑同样有启发性。

罢了。某些过程可能当时看上去是意外,但事后看来,可以由某种有意义的模式来解释。这或多或少是黑格尔的世界历史观。我们经历的时候可能觉得毫无意义，但对于黑格尔而言，比方说,当时代精神越过自己的肩头回望,对自己所创造的一切投去赞赏的一瞥时,一切都具有了意义。在黑格尔眼中,甚至历史的愚蠢错误和盲目小道最终都是这宏大构思的一部分。与之相反的另一种观点，体现在一个老玩笑中:“我的人生充满光彩夺目的角色,但我不知道该怎么安排情节。”从一个时刻到另一个时刻看起来都有意义,但全部归在一起则出了毛病。

还有什么方式来看待非意图的意义呢？一位艺术家可能在画布上绘出“猪”这个词,但不传达“猪”的意思——不是想“表达”猪这个概念,可能只是觉得“猪”这个词的造型很迷人。然而,字型还是会表达出“猪”的意思。与之相反的例子是,一位作家在他的作品中加入大量胡言乱语。如果这有一个艺术目的,我们可以说这些词语传达出了意义,虽然字面上无意义。例如,达达主义可以借这段胡言乱语批评那些认为词义固定不变的古板之见。作者这么做是“意图”表达些什么的,即便他“想说”的话只能用他语言系统里无意义的词语来表达。

我们谈论莎士比亚戏剧中复杂的意义网络时，并不总是认为莎士比亚在写下那些台词的时候脑子里一直装着那些意义。任何一位想象力如此丰富的诗人，怎么可能时时想着笔下所有词语的全部意涵呢？说“这是这部作品可能的意义之一”,有时即是说这部作品可以从这个角度来合理地解读。而实际上作者当时究竟“在想什么”,恐怕永远无法得知,甚至他自己也想不起来了。许多作者都曾遇到过这样的情形：别人向他展示作品的多种意义,但其实作者本人创作时根本没有想到。还有,按照定义并非故意意图的“无意识意义”呢？“我真的是用笔在思考，”维特根斯坦说，“因为我的脑袋常常不知道我的手在写什么。”①

***

正如有人可能认为，有些东西——甚至“人生”——或许有一种意味深长的设计或方向，但不是任何人所意图的；你也可以认为人的存在毫无意义、混乱无序，但实际上这正是意图的结果。这可能是恶意的“命运”或“意志”的成果。大致说来，这正是德国哲学家阿图尔·叔本华的观点，这位哲学家的观点是如此消极，以至于他的作品无意间成为西方思想史上伟大的滑稽经典。（甚至他的名字也有点滑稽，“叔本华”是高贵、冗长的姓氏，“阿图尔”则相当市井。）在叔本华看来，全部现实（不单单是人生）都是他所谓的“意志”的短暂产物。意志是一种贪婪的、无法平息的力量，它有自己的意图性；但如果说它产生了世上的一切，那不过是它保持自我运转的手段罢了。意志通过再生产现实来再生产自我，虽然这一切绝无任何目的。因此，人生的确有一个本质或核心动力；但这个真相令人恐惧，而不是鼓舞人心，它将导致破坏、混乱和永久的痛苦。并非所有的宏大叙事都不切实际。

由于意志纯粹由自己决定，它的目的完全内在于自己，仿佛是对上帝的恶意模仿。这意味着，它不过是在利用我们人类和世界上的其他生命，来实现自己的神秘目的。我们也许自认为，我们的生命拥有价值和意义；但真相却是，我们的存在只是在无助地充当意志的工具，为其盲目而无意义的自我再生产服务。不过要实现这一点，意志必须让我们产生错觉，误以为人生真

① 维特根斯坦，《文化价值》（芝加哥，1984），17e。

图7　阿图尔·叔本华，他的表情与他的人生观一样严酷

的有意义；它的做法是，在我们脑中培育一种自我欺骗的拙劣机制，即“意识”，我们由此而获得一种幻象，觉得自己的人生有目的、有价值。它让我们误以为，它的渴望即我们的渴望。在这个意义上，叔本华眼中的一切意识都是虚假意识。就像老话说的那样，语言是我们掩饰思想的工具，同样，意识也是蒙蔽我们，让我们无法看到自身存在之徒劳本质的工具。否则，一旦直面屠杀与贫瘠的全景（也即人类历史），我们肯定会自我了断。不过，甚至自杀行为也代表了意志的狡黠胜利：它是不朽的，相形之下，它的人肉玩偶则将一一死去。

如此说来，叔本华属于哲学家中的以下谱系：这些哲学家认为虚假意识远不是需要用理性之光驱散的迷雾，而是绝对内在于我们的存在中的。早期著作受到叔本华影响的尼采，也属于这类哲学家。“真理是丑陋的。”他在《权力意志》中写道，“我们拥有艺术，是为了防止被真理摧毁。”[①] 西格蒙德·弗洛伊德是另一位深受他那位悲观的德国同胞影响的人。弗洛伊德将叔本华称为“意志”的那个东西重新命名为“欲望”。对弗洛伊德来说，幻想、误解和对真实（the Real）的压抑都是自我的构成要素，而非附属部分。一旦失去这些补救性的遗忘，我们将无法度日。会不会事实是这样：人生确实有其意义，但这个意义我们还是不知道比较好？我们倾向于假设发现人生的意义是自然而然值得努力的事，但如果我们的这个想法是错的呢？如果真实是一只会把我们变成石头的怪兽呢？

毕竟，我们总是可以问，为什么有人**想要**知道人生的意义。他们是否确信，这有助于他们活得更好？毕竟，许多人虽然看起来不知道这项奥秘，却也活得不错。又或者，他们一直都掌握着

① 尼采，《权力意志》（纽约，1975年），第435页。

人生的奥秘，只是自己不知道。兴许，人生的意义就是我现在正在做的事，就像呼吸一样简单，我根本意识不到它。如果人生的意义之所以神秘，不是因为它被藏了起来，而是因为它离我们的眼球太近，以至于我们无法看清呢？也许，人生的意义不是某个需要追求的目标，或一块需要发掘的真理，而是生活本身表达出来的某种东西，或者寓于某种生活方式之中。毕竟，一段叙事的意义不只在于它的"目的/结局"，还在于叙事过程本身。

维特根斯坦对此有段恰当的表述。"如果有人觉得他解决了人生的问题，"他写道，"并且想要告诉自己一切现在都变得简单，那么，只要他想一想自己过去没发现这个'答案'的时候，便会意识到自己错了；而**那时候**也照样生活，现在发现的人生答案就过去的生活来看似乎是偶然的。"[①] 在这个看法的背后，是维特根斯坦的一种确信：如果有"人生的意义"这么一个东西，那它既不是一个秘密也不是一个"答案"——这两点我们后面会继续讨论。同时，我们可以再问一次：如果人生的意义是某种我们应该想方设法**不去**发现的东西呢？

启蒙运动时期的思想家们则不会这么想问题，他们认为，应该勇敢地分清是非对错。然而，18 和 19 世纪之交，"救赎的谎言"或者说"有益的虚构"这种观念，逐渐流行开来。或许，人类将被真理摧毁，倒在它无情的目光之下。兴许虚构和神话不只是需要清除的谬误，更是能让我们存活下去的有效幻象。生命也许不过是一次生物学上的意外事件，甚至不是受到盼望的意外；但它在我们体内培育了一种随机现象，即心灵，我们可以依靠心灵来抵御由于知晓自己的偶然性而产生的恐惧。

仿佛在为我们施行顺势疗法，大自然既给了我们毒药，也好

① 维特根斯坦，《文化与价值》，4e。

心地给了解药，而毒药和解药是同一种东西——人的意识。我们可以转而去徒劳地猜测，大自然关心作为整体的人类却对个体生命如此冷漠的原因。或者，我们可以把思绪转向建构那些赋予生命的神话——宗教、人文关怀等——它们也许可以在这个不友善的宇宙间给我们一些地位和意义。这些神话从科学的角度来看也许是不正确的。但我们在科学真理上或许过于自负，以至于认为它是唯一真理。

就像总体上的人文学科一样，这些神话可以说含有自己的真理——不在于它们提出的命题多么雄辩，而在于它们所产生的实效。如果这些神话能让我们怀着价值感和目的感去行动，那么，它们就足够真实，值得继续。

我们如果去看20世纪马克思主义理论家路易·阿尔都塞的著作，就会发现，这种思维方式甚至渗入了马克思主义，带着其对意识形态所带来的虚假意义的坚决抵制。但如果意识形态是极其必要的呢？如果我们需要用意识形态来说服自己，让我们相信自己是能够自主行动的政治主体呢？马克思主义理论也许觉得，个体没有很大程度的联合性和自主性，甚至没有现实性；但每个个体自身必须相信他们有，如果他们想有效行动的话。在阿尔都塞看来，保卫这种补救性的幻象是社会主义意识形态的任务。对弗洛伊德而言，心理学意义上的"自我"亦是如此，自我不过是无意识所衍生出来的，而它却把自己当做世界的中心。自我觉得自己是一个完整的、独立的实体，而精神分析学知道这不过是幻象；但不管怎么说，是有益的幻象，我们根本离不开它。

看起来，我们无法谈论人生的意义了，也许还面对着人生与意义之间的选择。如果真理将摧毁人类的存在呢？如果它如年轻时的尼采所想，是一种毁灭性的酒神力量；如叔本华阴郁地沉思的，是一种贪婪的意志；或如弗洛伊德所设想，是一种吞噬一切、冷酷无情、超越于个人之上的欲望呢？对精神分析学家雅克·拉康而言，人的主体要么"意指"，要么"存在"，不可能两者兼具。一旦我们进入语言，进而步入人性，所谓的"主体的真理"，即存在本身，就被分割在没有尽头的局部意义的锁链之中。我们只能放弃存在以追求意义。

要到受尼采和叔本华双重影响的小说家约瑟夫·康拉德，这种思想倾向才第一次大规模地进入英文写作。作为一位哲学上十足的怀疑主义者，康拉德不相信我们的种种概念、价值和设想在这个如波纹一般无意义的世界里有任何根基。即便如此，还是有各种道德和政治上的紧迫理由要求我们**假装**相信这些概念、价值和理念有坚实的基础。如果我们不这么做，一个人们不愿意看到的结果将是社会的无政府状态。甚至可以说，我们怀有信念这个事实比我们相信的具体内容更加重要。这种形式主义接着就进入到存在主义，对后者而言，介入的状态本身，而不是介入的实际内容，才是本真性存在的关键。

剧作家阿瑟·米勒笔下的角色是很好的例子。如《推销员之死》中的威利·洛曼或《桥上一瞥》中的艾迪·卡本，都介入他们自己的某重身份，并介入身边的世界，从客观的观点来看，这个世界是不真实的。比如威利，他相信人生的意义在于获得社会的尊敬和财富上的成功。然而，对这些自欺欺人的人物来说重要的，就像易卜生笔下的悲剧角色一样，是他们投入这种介入活动的强度。到最后，有意义的是他们执著于自己的扭曲形象时表现出的英雄般的毅力，虽然这种毅力将他们带向了错觉和死亡。有信仰地活着——也许是任何过时的信仰——即是要为自己的生命注入意义。这样看来，人生的意义就变成了你的生活方式问题，而非实际内容问题。

只有傻瓜才会想象人生值得一过，在叔本华看来这是自明的真理。对他而言，人生最恰当的象征是拥有铲状爪子的鼹鼠：

> 用它硕大的铲状爪子使劲挖洞是它一生唯一的事业；无尽的黑夜笼罩着它……它历经充满困难、毫无乐趣的一生又获得了什么呢？只是食物和繁殖，即在新的个体中继续和重新开始悲惨一生所依赖的途径？[1]

整个人类的进程明显是一个可怕的错误，早就应该叫停。只有那些顽固不化、自我欺骗的人面对尸横遍野的历史时才会不这么想。人类叙事就是这样一种毫无变化的不幸，只有那些被意志的狡黠俘虏的人才会觉得人类的诞生是值得的。

在叔本华眼中，这个自我感觉良好的物种身上有种荒谬的东西，其中每个人都相信自己具有至高价值，追逐一些会在瞬间化为乌有的启迪性目标。这无意义的喧哗与骚动并没有伟大的目标，只有“暂时的志得意满、由渴望限定的瞬间快感、大量而长期的痛苦、持续不断的挣扎、一切人对一切人的战争、互相逃避和追捕、压力、欲望、需求、焦虑、尖叫和怒号；这是永恒的景象，或者等到地球土崩瓦解再重新展开”[2]。叔本华所能指出的是，“没有人对这整场悲喜剧存在的原因有丝毫的了解，因为它没有观众，演员也经历着无尽的烦忧，极少有享受，并且只有消极的享受”[3]。这个世界不过是一次徒劳的欲求、一场荒诞的烂

① 阿图尔·叔本华，《作为意志和表象的世界》（纽约，1969年），第二部第353—354页。

② 同上，第354页。

③ 同上，第 357 页。

戏、一个巨大的交易市场或生命互相厮杀的达尔文主义斗兽场。

当然，总有他人的陪伴；但对叔本华来说，是纯粹的无聊驱使着我们去寻求陪伴。就意志而言，人类与水螅之间没有显著区别，两者都是完全单调的生命动力运转的工具。人内心的最底层搅动着一股力量——“意志”，它才是人的内在本质，但它就像搅动海浪的力量一样无情又无名。主观性是最不能被称为属于我们自己的东西。我们内心承担着一股由虚无带来的迟钝的重量，仿佛会随时苏醒过来在心里作怪；这是意志在我们内心的作为，它构成了我们自我的核心。一切都带着渴望：人类不过是带着他们父辈繁殖本能的行尸走肉，这些徒劳的欲望都建立在匮乏的基础之上。“所有的意志行为，”叔本华写道，“都来自匮乏、缺陷，因而都来自痛苦。”[①]欲望是永恒的，而欲望的满足则是罕见而不连续的。只要自我持续存在，被我们称做“欲望”的致命传染病就不会消失。只有无我的审美沉思，以及一种佛教式的自我克制，才能治愈我们因匮乏而产生的散光病，重新看清这世界的本来面目。

无须多言，事情还有另一面。然而，如果叔本华仍然值得阅读，那不只是因为他比几乎任何哲学家都要更坦诚、更严酷地直面了人生的某种可能性，即人的存在在最卑劣、最可笑的层面上都毫无意义。还因为，他讲的大部分内容都是对的。总的来说，实际的人类历史更多地是以匮乏、苦难和剥削，而不是以文明和教化为主要内容。那些想当然地认为人生必定有意义，并且是令人振奋的意义的人，必须直面叔本华的阴郁挑战。他的著作让这些人不得不尽力避免自己的观点沦为安慰性的止痛剂。

① 阿图尔·叔本华，《作为意志和表象的世界》（纽约，1969 年），第一部第 196 页。

第三章

意义的没落

请看安东·契诃夫的剧本《三姐妹》中的一小段对话：

玛莎：难道不是有一些意义吗？

屠森巴赫：意义？……看看窗外，正在下雪。那又有什么意义？①

雪既不是一种陈述，也不是一个象征符号。就我们所知，那并不表明诸神在伤心难过。它并不在努力诉说些什么，正如菲利普·拉金想象春天所做的：

树木吐新枝

① 玛莎的疑问针对的是屠森巴赫的一段感慨："不但在两三百年以后，就是再过一百万年，生活也还会像现在一样，它不改变，它是固定的，它要遵循它自己的法则，这个法则，我们是一点也看不见的，或者，至少是我们永远也不会懂得的。就像候鸟，拿仙鹤作比吧，它们来来回回不停地飞，无论它们脑子里转着什么念头，高超的也好，渺小的也好，依然阻不住它们得继续不明目的、不知所以然地飞。"引自焦菊隐译《契诃夫戏剧集》，第388页，上海译文出版社，1980年版。——译注

宛若将欲言……

《树木》

但是,说“看看窗外,正在下雪”,这已经包含了许多意义。就它属于一个可理解的世界的一部分来说,雪是有“意义”的,这个世界由我们的语言所组织和展开。这不是什么怪异的谜团。如果一个人从未见过下雪,那他问一句“那是什么意思?”并不突兀。虽然雪不象征任何东西,但它应该被视为一个能指。也许,它表示冬天即将来临。这样,雪就是由我们能够理解的自然规律主宰的气象系统的一个组成部分。我们可以强调,这种类型的意义是“内在固有的”,而非“外在赋予的”:雪意指冬天即将来临,不管我们碰巧认为它意指什么。下雪这个事实还能被**用做**一个能指:实际上,屠森巴赫正是这么做的,他(颇具讽刺意味地)把雪指做无意义的一个符号。或者有人会高呼:“快看,下雪了——冬天来了!我们最好动身前往莫斯科”,这使得雪成为人类活动的一个能指,成为人与人之间信息交流的基础。在所有以上列举的意义上,下雪都不单纯是下雪而已。

也许屠森巴赫是想说这个世界荒诞不经。但“荒诞”也是一种意义。类似“那也太荒谬了吧!”的感叹让人联想到,存在着某种连贯的获得意义(sense-making)的可能性。只有在这种意义获得的对照之下,荒诞才具有意义,就像只有在确定性的背景之下,怀疑才具有意义。我们面对那些宣称人生无意义的人,总是可以反驳:“你说的无意义是指**什么**?”他接下来的回答必定是从意义方面来表达。那些追问人生的意义的人常常问,人生中的各种境况总括起来意味着什么;但既然分析人生中的每一个具体处境都要涉及意义,那么,就不能悲叹人生没有任何意义。

怀疑一切乃是空洞的姿态，同样，我们也难看出人生从头至尾就是荒诞。也许就缺乏给定的目的或目标来说，人生从头至尾是无意义的；但除非我们能依据某一逻辑来评价这一事实，我们就不能说人生完全荒诞。

然而，情况或许是，我们的人生相比它曾经含有的意义显得荒诞，或者相比你所认为的它曾含有的意义显得荒诞。契诃夫之类的现代主义者为什么会如此关注无意义之可能性，其中一个原因是，现代主义本身离过去那个充满意义，或至少据说充满意义的时代不远。契诃夫、康拉德、卡夫卡、贝克特等作家当时还能足够切近地感受到意义的消散，并为之震惊和沮丧。典型的现代主义艺术作品仍然沉浸在有秩序的世界的记忆之中，心存留恋地把意义的没落当做一阵剧痛、一桩丑闻和一次不堪忍受的剥夺。这就是为什么这些作品经常围绕着一个缺席的中心打转，那个中心是一种隐秘的缺口或缄默，它标志着意义流失的出口。我们会想起契诃夫《三姐妹》里的莫斯科城、康拉德的非洲黑暗的心、弗吉尼亚·伍尔夫的茫然的神秘灯塔、E. M. 福斯特空空的马拉巴尔洞穴、T. S. 艾略特的变幻世界的固定点、位于乔伊斯《尤利西斯》核心的不遇、贝克特的戈多或卡夫卡笔下的约瑟夫·K 的莫名罪行。处于不断追求意义而意义恼人地不断闪躲的张力之中，现代主义可能是真正的悲剧。

相形之下，后现代主义已经远离了那个存有真理、意义和现实的时代，像一个毛头小伙那样粗鲁地对待那些痴想的错觉。没必要为从未存在过的深度而神伤。深度看似消失并不表明人生肤浅，因为你必须先有深度才能衬托出肤浅。诸种意义之意义不是一个可靠的根基，而是具有压抑性的幻觉。不依靠那些意义的保证而生活，这才是自由的生活。你可以说，过去确曾有过一些宏大叙事(例如马克思主义),它们回应了某些真实的东西,但现在我们已经完全摆脱了;或者你可以坚持认为,这些叙事话语从一开始便是妄想,也就无所谓失不失去。要么这个世界不再由故事来塑造,要么这个世界从未被故事塑造过。

尽管许多后现代思想在这个问题上观念幼稚,但有一点它们的确有提示性。面对预设的无意义的世界,让-保罗·萨特所说的“恶心”或加缪悲剧性的反抗,在面对一个被假定为无意义的世界时,确实是各自所回应的问题的一部分。只有你原本就对这个世界抱有不实的期待,你才可能感到世界不是完全旧式的无意义,而是令人恶心的无意义。这么说来,加缪和萨特离过去的那个看上去有意义的世界不远;但如果他们觉得即使在那时,这也是一种错觉,那么,伴随那个时代的消失所丧失的到底是什么呢?人生也许没有一个固有的目标,但这不能说明人生是徒劳的。虚无主义者不过是幻灭的形而上学家。对世界的忧惧不过是信仰的轻率的一面。这就像那些叛教的罗马天主教徒,他们倾向于变成彻头彻尾的无神论者,而不是变成英国高教会派的圣公会信徒。你只有因为曾错误地想象这个世界可能本质上具有某种意义——后现代主义者则觉得此说不通——现在才会如此失望地发现世界原来并无意义。

萨缪尔·贝克特的作品可被解读为搁浅于现代主义与后现代主义的境况之间。在强调意义的极端难解方面(他曾说自己最喜欢的词是“也许”),贝克特是经典的现代主义者。他的文字从头到尾弥漫着一种文字本身的易逝之感,反讽地认为它们也许最好从未存在过。这就是为什么他的文字看似**勉强**存在的原因——危险地徘徊在语义连贯的边缘,随后无精打采地跌入某种无言的黑暗。它的空泛恰到好处,几乎难以察觉。意义忽闪忽

图 8　萨缪尔·贝克特戏剧《等待戈多》中的弗拉季米尔和爱斯特拉冈

灭，几乎刚一出现就自我清除。一段无意义的叙事话语费劲地脱离自己的现实根基，结果还是在半途因另一个同样徒劳的叙事而夭折。甚至没有足够的意义能够道出与我们的预期相背离的东西。

奥斯维辛之后，每件事情都变得暧昧和不确定。每个命题都是暂时的假设。我们很难确定是否有任何事正在发生，因为，在这个世界上哪些事情还能算做事件呢？等待戈多算是一个事件，还是事件的悬置呢？等待，是一种没有内容的行为，意义的一次无限延迟，一种对未来的期待——同时也是一种活在当下的方式。这表明活着即延迟，延迟那终极意义的到来；尽管推迟的行为使得人生难以承受，但也可能正是这种行为使得人生处于运动之中。毕竟，在一个意义的获得是如此脆弱、断裂的世界里，你怎样才能辨认出这样一种灿烂的意义呢？《等待戈多》里的爱斯特拉冈和弗拉季米尔也许已经辨认不出了；也许波卓就是戈多（他俩可能听错名字了），只是他们没认识到。或许，整个令人痛苦的、闹剧般的时间停滞，**就是**戈多的到来，就像哲学家瓦尔特·本雅明认为，历史的空虚恰恰以否定的形式指出了弥赛亚即将降临。兴许戈多的到来将是一次有益的祛魅，告知人们其实本无必要等它——从来就没有什么重要的东西在呼唤救赎，但这种认识本身也是我们的错误意识的一部分。这有点类似于瓦尔特·本雅明的弥赛亚观念，即弥赛亚真的会变革世界，但变革的手段却是作些微调。

如果这个世界是不确定的，那么，绝望就是不可能的。一个模糊不定的现实必然要留些许空间给希望。也许，这就是流浪汉不自杀的原因。（不过，是谁称他们为流浪汉的呢？）贝克特的世界里没有死亡，只有不断地衰退——肢体僵硬、皮肤剥落、眼球模糊、听力下降,一种似乎将永远持续下去的颓败。戈多的缺席好像把生命投入了极端的不确定性之中,但那也意味着,并不能确定他不会来临。如果一切都不确定,那么我们对一切的了解也就不确定,我们就无法排除存在着对这一切的密谋的可能性。在一个万事无绝对的世界里,甚至绝望也不是绝对的。看起来这样的世界里毫无救赎的可能,即便在我们看来,在这种地方救赎的观念可能仍合情合理;不过,也可能并不是绝对需要救赎。无论如何,完全从另一个角度看,谁又会说这块怪异的、残缺的、无毛的血肉之躯不是在变革的边缘蹒跚而行呢?

至少可以说,看起来可能性极小。然而,在贝克特的笔下没有什么是确定的,每一个破碎的能指都将我们运送到下一个能指——这个事实不单可以被视为一个欲望的寓言,也可以被视为意义的寓言。意义也是一个无尽的、未完成的过程,从一个符号拖着脚步走到另一个,对于终结既无恐惧亦不指望。我们至少可以肯定,意义总是越挖越多。逻辑上不可能有一个终极意义,一个终结所有阐释的意义,因为它本身也需要阐释。既然一个符号的意义来自于它与其他符号的关系,那么,就不会有一个终极的符号,正如不会有一个终极数字,或终极之人。

在贝克特的世界里,意义总是越挖越多这个事实通常意味着痛苦也越多。然而,终极意义的这种退场也提供了一些条件,因为它创造了让我们暂时得以生存的空间。的确,生存和发展所需要的保证,比贝克特的枯竭宇宙所能提供的要多;但保证如果太确定,那也会阻碍我们的发展。"也许"一词是贝克特回应法西斯绝对主义的一种方式,作为法国抵抗运动的参加者,他英勇地反抗着法西斯绝对主义。如果说我们的确需要一定程度的必然性来过日子,那么反过来,太多的必然性也是致命的。

同时，某些看上去无法扼杀之物一直延续着轨迹，带着消化过程所具有的全部特征——单调乏味、千篇一律又难以平息。

稳定意义的消失是我们难以将贝克特的作品定为悲剧的原因之一，因为他的作品看起来太不确定了。另一个原因是其坚定的庸俗感，颇具爱尔兰讽刺意味的吹嘘和泄气话。它具有一种反文学的笔调，颠覆了文学成就的浓烈修辞。他的文字与失败，与只求苟延残喘的累人而乏味的苦差签订了契约。贝克特笔下内心被掏空的、没有记性的人物甚至配不上担当悲剧主角，因为悲剧主角至少具有某种稳定的内涵。他们甚至连上吊都准备不好。我们面对的是粗俗的滑稽戏和阴郁的嘉年华，而非动人的戏剧。就像第二次世界大战一样，极端行为就是今天的秩序守则。我们甚至不能称那些亲身经历的痛苦是我们自己的，因为人类主体已经与它所属的历史一道崩溃了。将一段记忆或经历赋予这个人类主体而不是那个，这需要某种程度的确信，而这种确信现在已经很难获得了。

贝克特的文字鲜有稳定性和同一性。问题接踵而来：为什么事物能够既如此反复无常又如此持续地让人痛苦？不过他的作品的悖论在于，尽管在它的核心有一个由意义塑造的空洞，它却保留着对真理与意义的怀想。逃避与暧昧的另一面是贝克特苦行僧般地坚持追求准确性，以及他那颗爱尔兰经院哲学的心。他的文字反常的地方在于，对零零碎碎的意义如学究一般考究，对纯然的空虚也要精雕细琢，狂热地想要言说那不可言说之物。他的技法采用一组假设，用类似结构主义的方式让它们经历各种机械排列，直到过程穷尽，再换另一组同样无意义的排列。同样几片碎片和残余，经过重新组合以后就成了一出完整的戏剧。贝克特的世界也许带有神秘气息，但他的方法却是冷静的去神秘化手法。他语言节制，削去任何无关紧要的枝蔓，大砍大删，只留筋骨。它的文字流露出一种新教倾向，即反对过剩和装饰。简省，也许是最接近真理之径。读者受到的款遇没有那么热情，却更加真诚。让我们震惊的是他的作品编织废话时的极端细致，以及摆弄各种暗示和荒唐话时的严密逻辑。贝克特的材料或许是原始而不加选择的，但他处理材料的手法却具有讽刺意味地是程式化的，如芭蕾舞手势一般地优雅、简约。真理、逻辑和理性的整个形式框架仿佛完整无缺，即便里面的内容已经被一点一点抽空了。

不过，贝克特作品的另一面是一种后现代的实证主义，在这一面中，事物并非无止境地迷惑难解，只是无知觉地成为它们自己罢了。正如他在巴黎的同代人萨特在《存在与虚无》中所写的："自在的存在(being-in-itself)未经创造，其存在没有理由，与其他存在没有任何关联，它永远是多余的。"[①] 这反映了贝克特的某个方面，即接受这个世界的任何实际样貌，身为一个对小石子或圆顶礼帽等物件的完全无生命的物质性充满惊奇，并反对向它们施加某种自以为是的意义的艺术家("无人为意图，即无象征符号，"他写道)。这些无生命的物件当中，最主要(尽管不享有特别地位)的是身体，身体上似乎从来不附着意义。身体只是一台笨拙的机器，我们就像坐在一台起重机里面一样栖息在身体中。贝克特的世界中的事物要么毫不起眼，极为模糊，要么对意义完全无动于衷。现实要么表情冷漠，不为意义的获得提供任何支撑，要么是能指的一次神秘闪现。现实模糊而易逝，但也是充满利刃和重量、让人粉身碎骨之地。

① 萨特，《存在与虚无》(伦敦，1958)，第xlii页(译文有修订)。

依这种次级的、“后现代”的角度来看，人生并非充满意义，但也并非毫无意义。悲观地说存在失去了意义，就表明你仍然被囚禁于幻象，觉得它可能有意义。但是，如果人生不是那种可以从这两个方面中的任何一个来言说的东西呢？如果意义是人创造出来的，那么我们怎么能预料这个世界本身有没有意义呢？这个世界没有呈现出充满意义的样子给我们，但我们为什么要为此而悲伤呢？你不会因为自己出生时没有戴小羊毛帽而感到悲伤。人们不会期待婴儿戴着神气的小羊毛帽出生。我们没有理由为此而心情低落。你不戴帽子来到这个世界——没有理由为此产生悲剧式的忧惧。这不是那种让你在日常生活中闷闷不乐地意识到的匮乏。

这里没有东西被漏掉，就像被问及“水壶为什么在沸腾？”时，我回答“因为我把它放在了煤气灶上”没有遗漏什么一样。不过，有人可能怀疑，我没有真的解释水壶为什么在沸腾，除非我还解释背后的整个化学过程和这个过程背后的化学原理等等，直至挖到最深层的那个基本原理，终结所有问题。除非有一个绝对的根基，否则总有什么缺失。一切事物肯定都悬在空中，摇摇欲坠。对有些人而言，意义亦是如此。的确，如果意义只是某种我们钻研出来的东西，它就不能充当现实的牢固基础。事物必须内在地有意义，而不是靠我们钻研出意义。所有这些意义必须能够整合成一个总的意义。除非有一个诸种意义背后的总意义，否则就完全没有意义。如果下雪这个事实没有表明上帝在用遗忘的柔软斗篷笼罩世界，那么，下雪便是荒诞之事。

那什么是“内在的”意义呢？意义可不是像墨水在瓶子里面一样在事物“里面”。这个世界有可能存在某种意味深长的设计，而我们完全不知道（例如，就像一片看不见的雪花，或一种尚未发现的社会学模式）；但是，在更普通的意义上，“意义”不是这么来理解的。意义乃是对世界的解释，因而由我们决定。谈论“内在的”意义，可归结为谈论试着描述某件实际存在的东西。但进行描述的乃是我们。我们可以把这一点和“被指定的”意义，例如“格陵兰岛”作比较。还存在明显是主观的意义，例如“我觉得，芝加哥的天际线是上帝的轮廓”或“我只要一听到‘骨盆’这个词就联想到亚伯拉罕·林肯”。

后面我们会看到，我们能够把意义当做某种植入事物内部的东西或事物本身具有的性质来谈论。不过大多数情形下，“内在的”意义只是我们的语言所能深入到事物身上的那部分。有时存在一些情形，我们根本不知道那里存在着什么，我们所有的解释可能都偏离了真相，比如玛丽·塞勒斯特号[①] 到底发生了什么。这又会怎样影响到我们关于人生意义的辩论呢？人生可能具有某种我们所有人都一无所知的“内在”意义——它不同于我们在个体的人生中所建构的意义。例如，弗洛伊德相信人生的意义在于死亡——爱欲或生存本能的全部努力是为了回到死亡一般的静止状态，使得自我不再受到伤害。如果这是真的（当然也可能是假的），那么可以得出，在弗洛伊德发现这个事实以前它就是真的，甚至现在对那些对此毫无所知的人来说也是真的。我们的驱力和欲望可能构成某种我们没有意识到的模式，而这种模式深刻地决定着我们的存在意义。因此，也许有一种我们现在（或过去）完全不知道的人生意义，但却并非是由上帝或时代精神等超人力量所赋予。说得更精细些：意义的内在性并不必然表示超验力量的存在。上帝赋予人生的某种意义，或我们自己唤起

① 玛丽·塞勒斯特号是1872年12月在北大西洋发现的一艘保存完好的美国弃船，船员去向及弃船原因始终是个谜。——译注

的某种意义——也许并非全部的可能性。

“被赋予的”意义和“内在的”意义之间的明显冲突，我们举一个语言的例子来讨论。文学批评界曾有过一场争论：到底诗歌的意义是已经在作品里，等待读者去挖掘，还是我们读者将其带入诗歌的？如果是我们赋予了诗歌以意义，那么，我们从中得出的意义难道不就是我们赋予它的意义？在这些情形下，诗歌如何能给予我们惊喜，或者让我们感到它是在反抗我们阅读它的方式？这里有一个类比，即人生就是你创造的东西。这是不是说，我们能从人生当中得到的东西只是我们所投入的？“最终，”尼采写道，“人在事物中发现的不过是他自己所投入的东西。”[①]因此，如果你发现人生空虚，那为什么不自己填充一些东西，就像食物吃完的时候就往冰箱里填充东西那样？既然解决方法明显掌握在自己手上，为什么还要对着事实大声哀号？然而，这种意义理论看似过于自我中心主义。我们永远都不会换位思考吗？难道一种真正的意义不是我们感到自己是偶然碰到的，不是会抵抗或拒绝我们，不是会以某种不可避免的方式被我们认识到的吗？如果人生要拥有某种意义，它当然不会是我们随意投射上去的。人生本身在这件事情上必定要有发言权？

接下来我们将看到人生如何反抗我们对它的创造。同时，我们可以更细致地考察诗歌“里面”的意义概念。说“我能否将你比做夏日？”(Shall I compare thee to a summer’s day?)这句诗的意义在这些词语“里面”，等于说这些词语在英文中有约定俗成的意义。这种约定要比**我**想要这些词语表示的任何意思都更加深入，它最终与共享一种实际的生活方式息息相关。存在一种共同的约定这个事实，并不意味着我们不能在具体的语境下争辩这

① 尼采，《权力意志》，第327页。

些词的意义。也许这里的“我能否”表示“你要我”？或者表示“将来我真的会把你比做夏日吗”？关键只是，我们争辩的不是随意赋予词语的意义。即使这样，这些意义在诗歌的“里面”，仅仅是因为社会惯例决定了英文的字母组合 d-a-y 表示日出与日落之间的时间段，字母 t-h-e-e 的组合是过去的人称代词“你”的宾格，等等。这些惯例从外部来看自然是随机的，这一点我们比较一下保加利亚语中的字母组合“day”和“thee”代表什么便可看清。但是，从内部来看，这些意义不是随意的，就像象棋规则不是随意的一样。

说意义是“内在的”——以某种方式植入事物或情境内部，而不是从外部强加上去——也许在表述上有误导性；但即便如此，也可能说对了一部分。例如，有些物体凭借其物质存在形态便可表达或体现出某些意义。典型的例子是艺术作品。艺术作品让人疑惑的地方正在于，它们看上去既是全然物质的，又是有意义的。在本书开头，笔者曾提及心电图仪之类的物体自身不可能有意义，因为意义是在语言层面产生的，而不是物体自身产生的。但是，心电图仪不像卷心菜，它是一件人工制品，所以，我们当然可以说它具有被植入的意义和意图。毕竟，它在医药领域有其独特的功能，这一功能独立于我可能分派给它的任何功能。我可以用它在天气闷热的时候把窗户敲开保持通风，或者极为灵活地挥舞它来击退一个嗜杀的疯子；但我所使用的仍然是一台心电图仪。

对于那些相信上帝的人，或相信宇宙背后的其他智能力量的人来说，人生之所以具有内在意义和目的，乃是因为它自身便是一件人工制品。无疑，它在许多方面是一件工艺异常粗糙的作品，明显是艺术家在缺乏灵感的时候草草完成的。但是，就像你可以谈论一件扶手椅一样，你在这里也可以谈论内在意义。说一件扶手椅是“有意为之的”，这不是说它藏有什么秘密的愿望，而是说，它是为了达到某种效果，即供人坐，才被构造出来的。这一功能意义不受我的主观意图的影响。但是，这一意义并非不受全体人类的影响。它以这种方式构造，是因为有人以这种方式设计了它。

当我们问某个具体情境是否是(比如)种族主义实例时，我们是在问这个情境本身，而非我们的主观感受或我们用来描述这种情境的语言。把“带有偏见”和“带有歧视”等意义看做该情境的“内在”意义，这只是我们在自负地声称该情境确实带有种族主义特征。如果看不出这一点——比如，认为“种族主义”只是我们强加在某些客观事件之上的一系列主观意义——我们就不是在按该情境本来的样子看待它。如果缺少“带有歧视”等词语的描述——例如，有人试图做到“价值无涉”——就无法充分捕捉该情境的实际状况。无论作为评价还是描述，它都是不合格的。这不一定是说该情境的意义显而易见。它是不是种族主义的——这一点有可能无法判断。无疑，这就是当人们宣称有可能以互相冲突的方式“建构”该情境时所表示的意思。“种族主义”等词语体现了可争辩的阐释。但我们讨论的是该情境的真相，而不是我们所作出的阐释的具体意义。

再换个方式来看。我们不去追问“内在”意义看起来是什么样的，而是追问，意义乃是我们“建构”世界所得出的，这句话究竟意味着什么。这是不是说，我们可以用任何自己喜欢的旧方式来“建构”世界？当然不是。没有人真的会这么想，部分原因是，我们的阐释时常会出错。这就是人们对为什么会出现如此不同的解释，所给出的理由。然而，所有人都会同意，把老虎“建构”为忸怩作态、惹人怜爱的动物，这是**行不通**的。首先，我们当中有些人将不再有机会来叙述自己的悲惨遭遇。有些思想家会指出，这与我们的其他阐释不相符合，而另一些思想家则会说，这种对老虎的理解不会帮助我们做合适的、有益生存的事，比如当老虎亮出利齿时尽可能快地跑开。另一些被称做“唯实论者”的理论家则会说，我们不能把老虎视为惹人怜爱的动物的原因是，老虎本来就不惹人怜爱。我们是怎么知道的呢?因为我们有强有力的证据，这些证据来自于一个不受我们的主观阐释影响的现实世界。

在这里，不论个人所持立场如何，似乎“内在固有的”意义与“外在赋予的”意义之间的区分对某些目的足够有效，在其他方面则适于被拆解。首先，许多所谓的内在意义，比如异教徒关于命运的解释、基督教的救赎观念或黑格尔的绝对理念，都需要人们自己来弄清自己的人生。依照这种理论，每个人并不像叔本华所说的是某种宏大真理的玩偶。按照上面所举的几个理论，确实**存在**这样一个真理；但如果缺少人们的主动参与，它就无法展开。俄狄浦斯的悲剧命运部分在于，他即使不是盲目，至少也是主动地参与制造了自己的灾难。对于基督教信仰而言，除非人们协助参与创造，否则天国永远不会降临，虽然他们的参与本来就是天国概念的一部分。在黑格尔看来，历史理性只有通过个人真正自由地行动才能在历史进程中实现；实际上，个人越自由，历史理性就越真实。所有这些宏大叙事都消解了自由与必然性之间的区别，也即铸造自己的意义和愿意接受预先置入世界的意义之间的区别。

一切意义都是人类的言语行为，而“内在”意义只是某些捕捉到了事物真理的言语行为。这个世界不是泾渭分明地分成两类人，一类相信事物具有"内在"意义，就像阑尾在我的身体腹部一样，另一类奇怪的人则相信"我有阑尾"这个观念只是关于人体的"社会建构"。（出于充分的医学原因，也不是所有这些人都能活着陈述经历。）这类"建构"是一种与世界的单向对话，在这种对话中，是由我们来叙述事物的真相，就像美国人在伊拉克所做的那样。但是，实际上意义是我们与现实相互作用的产物。文本与读者互相依赖。

回到我们的"提问与回答"模式：我们可以向这个世界提问，这些问题当然是属于我们的，而非这个世界本身的。但是，这个世界回应的答案之所以对我们有教益，恰恰是因为现实总比我们的问题所预期的更加丰富。现实超越了我们自己对它的解释，还时不时粗鲁地对待或挫败这些解释。意义固然是人们所做的事情；但人们是在与一个确定的世界的对话中做事的，而这个世界的运行规则不是人类发明的，并且人们的意义要想有效，他们就必须尊重这个世界的本质和特征。要承认这一点，必须培育某种谦逊的品格，而这和在意义问题上"一切由我们做主"的"建构主义"公理是相悖的。这种表面上激进的概念实际上暗合了西方的一种意识形态，即重要的是我们出于自己的目的赋予世界和他人的意义。

莎士比亚已经意识到这些问题，正如《特洛伊罗斯与克瑞西达》中这段关于特洛伊的海伦的价值的对话所表明的：

特洛伊罗斯：哪样东西的价值不是按照人们的估价而决定的？

赫克托：可是价值不能凭着私人的爱憎而决定；

一方面这东西的本身必须确有可贵的地方，

一方面它必须为估计者所重视，

这样它的价值才能确立。[1]

第二幕，第二场

特洛伊罗斯的想法属于某种存在主义，即认为事物本身没有价值和意义可言；事物只能通过人类投入的精力来获得价值和意义。在他看来，海伦之所以珍贵，是因为她是一场光荣战争的导火索，而不是因为她珍贵所以引起了战争。相反，不那么急躁的赫克托则持有一种更加“内在”的价值理论：在他看来，价值是既有物和创造物的结合。事物没有得到高度珍视，但是它们本身既可能是珍贵的，也可能无足轻重。某种程度上，他当然是对的：健康、和平、正义、爱情、幸福、欢笑、仁慈等都符合内在价值的范畴。还有食物、水、温暖和房屋，这些是我们维持生命的必需品。但还有许多在赫克托看来具有内在价值的东西——比如黄金——其实是由社会约定形成的。莎士比亚非常清楚价值与意义的相似之处。他的剧作始终思考的问题是，意义究竟是内在的还是相对的。毕竟，他生活的时代正处于从信仰前者转向相信后者的历史转折点；而他的戏剧把这个重大的转型，与由市场力量所创造的从“内在”价值转向“交换价值”的经济转型联系了起来。[2]

“内在主义”与“建构主义”之争早在伊丽莎白时代以前就发生了。弗兰克·法雷尔在他颇具启发性的研究中，将其追溯至中世纪晚期天主教与新教的神学论争。[3] 问题是，如果上帝是全知全能的，这个世界就不可能有内在的或本质的意义，因为这些意

① 朱生豪译文。——译注

② 更详细的讨论参见拙著《威廉·莎士比亚》(牛津，1986)。

③ 参见弗兰克·法雷尔，《主体性、现实主义与后现代主义》(剑桥，1996)。

义必然会限制上帝的自由行动。创造物不可能被容许反抗创造者。它不能拥有心灵和自主性。所以,保存上帝的自由与全能的唯一办法，看起来只能是抽空这个世界的内在意义。对于某些新教思想家来说,现实相应地也必须被稀释,剥除托马斯·阿奎那等天主教神学家曾赋予它的厚度。现实必须极度不确定,这样才能被造物主随心所欲地按他的设想来塑造成任何形状。他不再需要尊重事实,比如女人就是女人,因为只要他想,他可以轻易地把女人变得像一只刺猬。正如后现代主义所认为的,这个世界变成了一场巨大的整容手术。

于是,必须消除本质,即那种认为包括人类在内的万事万物均具有确定性质的观念。如果本质继续存在，它们就会妨碍上帝的超能力。认为存在确定本质的“唯实论者”,与认为本质只是语言虚构的“唯名论者”势不两立。因此这类新教主义是反本质主义的先行者。就像当今的某种反本质主义一样，它与一种唯意志论,或者说意志崇拜关系密切。一旦确定的性质消失,上帝的专断意志最终将畅通无阻地盛行。事物的存在原因将归诸他的旨意，而非事物本身。后现代主义不过是用人类替换了上帝的位置。现实不是自在地存在,而是由我们所建构。

唯意志论者认为,酷刑之所以在道德上是错误的,是由上帝的意志决定的,而不是因为酷刑本身是错的。事实上,没有什么事物本身是对或是错。事物本身无所谓对错。上帝本可以轻易地决定，不对彼此施加酷刑是一种应加惩罚的过错。他作出的决定无须理由,因为理由将阻碍他行动的绝对自由。因此,反本质主义与非理性主义密切相关。上帝就像所有的暴君一样,是无政府主义者，不受法律和理性的制约。他是他自己的法律和理性的来源，这些法律和理性都服务于他的权力。酷刑如果符合他的目的，完全可以得到允许。——我们不难辨别这些学说在当今政治世界的继承者们。

然而，消除现实世界的本质还不一定能够为任性的意志清除所有障碍。因为，如果清除本质的时候，把自我也一道清除了呢？如果自我也没有确定性质，它的意志和能动作用就将遭到致命打击。它获得最终胜利之时，自身也被清空了。人生没有既定意义，这个消息既令人振奋，又令人惊恐。个体自我现在代替了上帝的角色，成为至高的立法者；然而，像上帝一样，他似乎是在一片虚空之中立法。它的法令的每一点都如同神的命令一般随意而没有目的。在道德领域，这有时采取的是被称为"决断论"的形式：杀婴之所以错误，是因为我，或者我们，作出了某个根本性的道德决断去禁止这种行为。正如尼采所说："真正的哲学家……是指挥官和立法者：他们说，就**这么**办！"[①]自我孤独地存在着，但却取得了胜利，在这个内在意义已经被消除的世界里，它现在是意义和价值的唯一来源。然而，这种无意义似乎也入侵了它自己的密室。就像上帝一样，它可以随意在宇宙的白板上刻写意义；但由于现在没有客观的理由决定它如何刻写，这种自由变得漫无目的，成了自我消耗。人类本身变成了一桩荒唐事。

新教徒的自我不再属于这个世界。两者之间不再有给定的联系。现实本质上没有意义，所以自我无法在现实中找到反映，现实与自我成了两种完全不同的东西。因此不久之后，自我仿佛漂流至荒野之地，开始怀疑起自身存在，失去了自身之外任何可以证明自己身份的东西。"人"是现实世界中意义的唯一来源；但这个世界已经关闭了获得意义的大门，使其变得随心所欲又没

① 尼采，《善恶的彼岸》，载于瓦尔特·考夫曼编，《尼采主要作品选》（纽约，1968），第326页。

有根基。而由于事物没有任何意义(sense)或逻辑,它们也就没有任何可预测性。这就是为什么新教徒的自我在随机力量的黑暗世界里胆怯地走动,内心萦绕着一个隐匿的上帝,不知道自己是否会得到救赎。

当然,所有这些同时也是一次巨大的解放。不再只有一种唯一有效的解读现实的方式。牧师不再独掌意义天国的钥匙。阐释的自由变得可能。所有人不再臣服于上帝赋予这个世界的预定意义。在宇宙的神圣文本上,物质元素是精神真理的象征,现在这个文本已逐渐让位于世俗的文本。现实被剥除了预制的意义,现在可以根据人类的需要和欲望来理解了。原来固定的意义变得更加灵活,并能以新的想象形式重组。有象征意味的是,发明阐释学或者叫"解释学"的是一位名叫弗里德里希·施莱尔马赫的新教牧师。甚至可以论证,这种新的看待世界的方式可以在《圣经》中找到充分的根据。《创世记》第2:19节写道:"耶和华神用土所造成的野地各样走兽和空中各样飞鸟都带到那人面前,看他叫什么。那人怎样叫各样的活物,那就是它的名字。"命名行为在犹太文化中一直是一种创造性或表演性的活动,所以,这表明人类乃是意义的来源,而耶和华是一切存在者的来源。上帝创造了动物,把它们呈现给人类,然后它们就成了他创造的材料。

孤独的新教精神胆怯地在黑暗中摸索,这会是为那些相信人生由自己创造的人感到忧虑的原因吗?既是又否。否,因为创造自己的人生的意义,而不是期待意义被预先给定,这是一个非常令人信服的主意。是,因为这应该是一个清醒的警告:人生的意义不是自己能够随心所欲创造的。它并不能免除你的一项责任,即在常识之下证明任何使你的人生有意义的东西的合理性。

你不能只是说:“我个人认为我的人生意义在于让睡鼠窒息而死”,然后就这样敷衍过去。

这也不是无中生有式的创造过程。人类可以自我决断——但只能建立在更深刻的对自然、现实世界的依赖以及人类相互依赖的基础之上。我为自己的人生所创造的任何意义,都在内部受制于这一依赖关系。我们无法从零开始。这不像尼采所想象的那样,是一个清除上帝赋予的意义,然后铸造我们自己的意义的问题。因为,无论身处何方,我们都已经深陷于意义之中。我们被编织进他人的意义网络——我们不曾选择过那些意义,但它们却提供了一个母体,我们可以在其中理解自我与世界。在这个意义上,即使不是在所有意义上,“我能决定自己的人生意义”这种观念乃是一种错觉。

但是,不单单是别人的人生意义会限制我的人生意义。我的人生意义还受制于我的存在特征,这些特征来自于我作为自然物种的一员的身份,并且在我的身体的物质本质中表现得最明显。我应该一天三次,每次徒步跳跃三十英尺——这可不是我的人生意义的一部分。任何有意义的人生计划若要可行,必须将亲属关系、社会关系、性特征、死亡、玩乐、哀愁、欢笑、疾病、劳动、交际等现实因素考虑在内。的确,人类生活的这些共通方面在不同文化中的践行方式差异很大;但同样值得强调的是,这些是任何个体存在过程中的重要组成部分。私人生活的许多关键特征根本不是私人性质的。单凭我们是物质性的动物这个事实,我们的许多方面,不止是获得理性的方式,就已经被决定了。因为,我们的推理方式与我们的动物性有密切关系。[1] 维特根斯坦

① 参见阿拉斯戴尔·麦金太尔,《互相依赖的理性动物》(伦敦,1998)。

评论说，即使一只狮子会说话，我们也根本无法理解它的言语——或许，当他这么说时，他心里所想的部分地就是这个意思。除非人生的意义包括我的肉体和我的物种属性，否则就不能说它包括我。我们将在下一章详述个中意味。

第四章

人生是你创造的吗？

我们在前面几章关注得更多的是意义，而不是人生。然而，“人生”这个词就像“意义”一样问题多多，原因不难得知。我们之所以无法讨论人生的意义，真的是因为不存在“人生”这种东西吗？正如维特根斯坦会说的，我们不正是被自己的语法所迷惑，像创造“番茄”这个词一样，创造了单数形式的“人生”这个词吗？也许，我们之所以会有“人生”这个词，仅仅是因为我们的语言本质上具有把抽象概念具体化的作用。正如维特根斯坦所说，“**本质**是由语法来表达的”。[①]说到底，人的一生经历无数事情，从分娩到跳木屐舞，这些怎么能汇总成一个单一的意义呢？每样事物都应该不祥地与其他事物有共鸣，构成一个极端明晰的总体，这不正是妄想症的幻觉吗？或者如果你愿意的话，也可以说是哲学的幻觉，借用弗洛伊德的诙谐评论来说，是最接近妄想症的东西？甚至单个人的人生也构不成一个统一总体。诚然，有人把自己的一生看做一个有头有尾的精彩故事，但并非所有人都这么想。那么，如果连一个人的人生都做不到，千千万万的人生加起来怎么能构成一个连贯的总体呢？人生确实没有足够

① 维特根斯坦，《哲学研究》，G.E.M. 安斯康姆译（牛津，1963），第371节。

的条理,甚至连一个谜都构不成。

“人生的意义”满可以表示“意义总和”,而分娩和跳木屐舞则被认为是一个单一的、有意义的总体的各个方面。即便是外观最美、浑然一体的艺术作品也做不到这一点。即便是最宏大的历史叙事，也不会认为自己能绝对地理解一切事物。马克思主义无法解释灵猫那发出肛门臭味的腺，而马克思主义并不认为这是它的一个缺陷。关于西约克郡的瀑布，佛教没有任何官方立场。要人生的每件事都构成一个连贯模式的一部分，这极不可能。那么,换做大部分事情呢?或者,“人生的意义”表示的是“人生的**本质**意义”——不是囊括进一切,而是归结出要点?例如“人生的意义是受苦”这样一个陈述,并不是说受苦是人生的全部,或是人生的关键、目标,而是说它是人生最重要、最基本的特征。照这么说,我们只要沿着这条线索追溯人生,就可以领悟那整个令人困惑的设计。

那么,是否存在一种叫做“人生”的现象,可以充当某种连贯意义的承担者呢?人们有时当然会用这样宽泛的词语来谈论人生。人生是一缕烟尘、一个娼妓、一场歌舞、一溪泪水或一床玫瑰。这些在商店里陈列已久的旧标签不足以支撑我们的立论。然而,就此认为所有关于人生的元陈述(meta-statements)都是空洞的,这本身就是一种空洞的观点。只有实在的、具体的真理才具有力量——这种观点是错误的。例如这样一个概括:历史上的大多数人都一事无成、不幸而艰辛,这种概括怎么样?它当然比下面这个命题更令人不安:特拉华州的大多数人过着一事无成、不幸而艰辛的生活。

也许,我们不可能高明地概括出人生的意义,因为我们必须跳出人生之外才能看清它。这就像我们无法跳出自己的皮囊审视自己。只有完全超脱人类存在，比如上帝，才能以全局的眼光考察人生，看它是否说得通？[①]这接近尼采在《偶像的黄昏》中的论点，他说我们不能判定人生本身有价值或无价值，因为我们所遵循的判断标准本身也属于人生的一部分。但是，这无疑经不起推敲。你不必完全跳出人类存在才能评价它，就像你不必跑到新西兰才能整体性地批评英国社会一样。诚然，没有人曾真正看到过英国社会的整个面貌，正如没有人看过童子军运动的全貌；可是，我们可以依照自己熟知的现实部分作出合理的推论，来判断那些我们不熟悉的部分。这不是要观察全貌，而是要观察到足够多的部分，能够辨析其典型特征便可。

关于人性的概括如果有效，其中一个原因是，人类同属于一个自然物种，很大程度上具有共通性。这么说不是要忽视人类在政治上激增的差异和对比极具政治能量。但是，那些后现代思想家被差异所迷惑，无论走到哪儿都一成不变地见到差异，他们不应该忽视我们的共通特征。人类内部的差异极其重要，但这些差异还不足以充当建立伦理和政治的基础。

另外，即使一个人在公元1500年无法描述“人类境况”，他肯定可以在2000年时做到。那些对此观点心存反感的人看起来没听说过全球化。正是跨国资本主义帮助人类成为一个整体。我们目前至少具备的共同点，是面对各种威胁人类生存时的求生意志。从一种意义上说，那些否认人类境况的现实的人，也会否认全球变暖这一事实。没有什么能比物种灭绝的危险更能团

① 约翰·科廷汉在《论人生的意义》(伦敦，2003)中似乎支持这个论点，并在论证时引用了维特根斯坦的《逻辑哲学论》。然而，按维特根斯坦在《逻辑哲学论》中的观点，不仅人生的意义处于可知事物的范围之外，主观性本身也是。

结该物种的全体成员。至少，面对死亡时，我们会走到一起。

如果人生的意义在于人类的共同**目标**，这个问题似乎就不难解答了。我们每个人追求的都是幸福。诚然，“幸福”是一个难以说服人的词语，像“假日野营”似的，让人联想起穿着花衣服狂欢作乐的场景。但正如亚里士多德在他的《尼各马可伦理学》中所说，幸福充当了人生的一种基础，因为你不能问我们**为什么**要追求幸福。它不像金钱或权力一样是追求其他东西的手段。它更像是希望得到尊重。想要幸福，这似乎是我们人性的一部分。这里关系到某种基础性的条件。而问题在于，幸福这个概念太缺乏确定性。幸福似乎既重要，又空洞。什么能算做幸福呢？如果你恐吓老太太而感到幸福，这算幸福吗？一个决心成为演员的人可能一贫如洗，但还要花费无数个小时试镜，却徒劳无功。大部分时间她心情焦躁、低落，有时还要挨饿。她不是那种我们通常称之为幸福的人。她的人生没有欢乐。但可以这么说：她准备通过牺牲自己的幸福来追求幸福。

幸福有时被看做一种心理状态。但亚里士多德并不这么想。我们通常用“福祉”（well-being）来翻译他对幸福的叫法，而福祉是一种我们所说的灵魂的状态，对亚里士多德而言，福祉不仅包括存在者的内在状态，还包括人的行为倾向。正如维特根斯坦所说，心灵的最佳形象是身体。如果你想观察一个人的“精神”，就去看他的做事方式。在亚里士多德看来，幸福是通过美德实现的，美德首先是一种社会实践，而不是一种心灵态度。幸福是实际的生活方式的一部分，不是某种私密的内在满足。按照这种理论，虽然你无法用二元论的模式来观察人类，但你可以观察某人的行为一段时间，然后宣布“他是幸福的！”并且，那个人不必非得满面笑容或手舞足蹈。

图 9　希腊哲学家亚里士多德的雕像

朱立安·巴吉尼在他的《一切都是为了什么?》一书中关于幸福的讨论完全没能注意到这一点。他为了表明幸福不是人生的全部内容和目的,举了一个例子说,如果你准备开始追求幸福,然后看到有人陷入了流沙,这时候去救他们要比追求你的个人愿望更为妥当。[①]"准备开始追求幸福"这种话当然很诱人:首先,这让幸福听起来像是一项私人事业,其次它让幸福听起来像是去城里逍遥一个晚上似的。实际上,这会让幸福听起来更像是快乐:从流沙里救人可不算数,因为没什么乐趣。事实上,巴吉尼就像是大多数道德哲学家一样,在他书中的另一处说快乐是一种无法持久的情绪,理想的幸福则是一种存在的持久状态。你可能体验到强烈的快乐,却没有一丝幸福;正如你似乎可以出于某种可疑的理由(例如恐吓老太太)感到快乐,你也可以享受某些道德败坏的快乐,例如通过虐待敌囚取乐。

有一条显而易见的论点可以反驳巴吉尼的例子。从流沙中救人难道不能算做个人幸福的**一部分**,而不是出于履行义务?只有那些沿着快乐的思路而不是亚里士多德的福祉观来思考幸福的人,才会认为这一点含糊不清。在亚里士多德看来,幸福与对美德的实践密切相关;尽管他没有谈及从流沙中救人,但是,对于他思想的伟大继承者、基督教哲学家托马斯·阿奎那而言,这当然也算是福祉的表现。阿奎那认为,这是爱的例证,而爱在根本上与幸福没有冲突。这不是说,在亚里士多德眼中幸福和快乐是简单的二元对立。相反,在他看来,具有美德的人就是那些从做好事当中获得快乐的人,那些没有从做正派的事当中感到快乐的人不是真正具有美德的人。不过,迟钝的快乐或暴君式的放

① 朱立安·巴吉尼,《一切都是为了什么?》(伦敦,2004),第97页。

荡快乐肯定是与幸福相对立的。

巴吉尼与亚里士多德相悖的幸福观还体现在他借自哲学家罗伯特·诺齐克的一个场景中。假设你被塞进一个机器,类似电影《黑客帝国》中的超级计算机，它可以让你模拟体验到完全的、连续不断的幸福。大多数人难道不会因其非现实性而拒绝这一颇具诱惑的至乐吗？我们难道不想诚实地过自己的生活，没有欺骗，意识到是自己在做主，是我们自己的努力而不是由某些精心营造的装置来满足我们的愿望？巴吉尼相信，大多数人真的会基于这些理由而拒绝这台幸福机器。他的想法当然没错。但他提供给我们的幸福观念再一次与亚里士多德相悖。它是一种心绪或意识状态,而不是生活方式。实际上,它正是亚里士多德可能无法理解的，或至少会反对的那种现代的幸福观。在他看来，你不可能一辈子坐在一台机器里体验到幸福——这不单是因为你的体验是模拟的而非真实的，还因为福祉包含一种实践的、交往的生活形式。亚里士多德认为幸福不是可能实施某些行动的内在倾向,而是创造心理倾向的行为方式。

在亚里士多德眼中，你一辈子坐在机器里不会真正感到幸福的原因，与你因为离不开轮椅或人工呼吸器而不会感到完全幸福的原因大致相同。当然，不是说残疾人就体验不到其他人自我实现的珍贵感觉;只是说,身体有障碍表明一个人无法实施某些力量和能力。按照亚里士多德的专家式定义，这些力量和能力的实施是一个人幸福或福祉的一部分。残疾人还可以充分体验到其他的“幸福”感。即便如此,与维多利亚时期否认穷人多半活得艰辛一样,作为一种道德上的虚伪,现在也时兴拐弯抹角地否认残疾人真有残疾。这是一种自欺欺人，在虚弱令人尴尬、成功无所不能的美国,这种自欺欺人表现得尤为明显。它属于西方文化的一个普遍特点，即不承认那些令人不快的真相，迫切想要把苦难扫到地毯下面。

为他人牺牲自己的幸福，这可能是我们所能想到的道德上最高尚的行为。但这并不意味着，这种行为是最典型的，甚至是人们最希望获得的爱。之所以不是人们最希望获得的爱，因为这种行为一开始便是不得不做的事情；之所以不是最典型的爱，因为正如我即将论证的，最典型的爱包含着最大限度的互惠互助。一个人可以爱她的小婴儿爱到乐意为他/她们去死的程度；但由于完整的爱也是婴儿将要习得的品质，所以，你和他/她们之间的爱无法成为人间之爱的原型，就像一个人与她忠诚的老管家之间不那么亲密的感情也不能算做人间之爱的原型一样。在这两种状况下，双方关系都不够平等。

于是，对亚里士多德来说，幸福或福祉包括着对人的某些典型才能的创造性实现。你做出多少事情，就有多少才能。它不能在孤立的条件下实现，这一点与对快乐的追求不同。亚里士多德意义上的美德大部分是社会性的。“实现自我”这一概念有点儿阳刚、脸红的意味，好像我们在说某种精神体操似的。实际上，亚里士多德脑中拥有“高尚灵魂”的道德原型大致是这样的：一位富有的雅典绅士，他没有接触过失败、损失和悲剧——有趣的是，亚里士多德却创作了世界上最伟大的悲剧论著之一。亚里士多德意义上的好人听起来更像是比尔·盖茨，而不是阿西西的圣方济各。诚然，他关心的不是作为这种或那种人——例如商人或政治家——而成功，而是要作为人而成功。在亚里士多德看来，“成为人”是我们必须掌握的能力，拥有美德的人必然善于生活。即使是这样，这种幸福论仍然是有缺陷的，因为“幸福的女人”这个观念就明确地与这一理论相矛盾。“幸福的失败”

这个观念亦然。

不过，在马克思这位处于亚里士多德谱系中的道德哲学家看来，实现自我还包括，比如，欣赏弦乐四重奏或者品尝桃子。也许“满足自我”要比“实现自我”更少一些艰苦的意味。幸福是一个关于自我满足的问题，不可混同于童子军或爱丁堡公爵把人生看做一系列需要跨越的障碍和需要藏在绶带下的成就的意识。成就是在整个人生的质量语境下获得意义的，而不是（如把人生当做登山的意识）作为一系列孤立的成就高峰获得意义。

大致说来，人们要么感觉良好，要么感觉不好，并且他们自己通常会察觉到。无疑，一个人在这里无法驱除所谓的虚假意识的影响。一个奴隶可能被骗相信他自己生活在天堂般的满足感之中，而他的实际行为却流露出自己并非如此。我们有充足的资源把自己的苦难加以合理化。但比方说，有惊人的 92%比例的爱尔兰人告诉问卷调查者他们感到幸福，我们只好相信他们。爱尔兰人的确有着对陌生人的友善传统，所以，也许他们宣称自己幸福的原因只是想让调查者感到幸福。但是，没有真正的理由不去认真对待他们的话。在实践的幸福或亚里士多德意义上的幸福中，自我欺骗的危险性更大。因为，你怎么能知道自己过的生活符合德性呢？也许一位朋友或观察家是比你自己更可靠的裁判。实际上，亚里士多德撰写伦理学著作的部分原因，正是要纠正人们的幸福观。他也许认为，在这个问题上存在许多虚假意识。否则，我们就很难理解他为什么要推荐一个所有人在任何情况下都应该追求的目标。

如果幸福是一种心理状态，它可能就会受制于具体的物质条件。你也可以说自己无视这些条件而感到幸福，这接近于斯宾诺莎或古代的斯多葛派的状态。然而，如果你生活在一个肮脏又拥挤的难民营里面，并且刚刚在一次自然灾害中失去了孩子，你基本上不可能感到幸福。按照亚里士多德的幸福观，这更为显而易见。你不可能变得勇敢、高尚和宽厚，除非你作为一个自由的主体生活在培育这些美德的政治环境中。这就是亚里士多德认为伦理学和政治学具有密切关联的原因。好的生活要求有一种特定的政治状态——在他看来，就是要有奴隶和顺从的女人，他们做牛做马，你忙着去追寻高尚的人生。幸福或福祉事关制度：它需要一种社会政治条件，能让你自由地发挥自己的创造性能力。如果你按照自由主义的倾向，把幸福当做一种内在的或个人的事务，这一点就不那么明显了。幸福作为一种心理状态也许需要一个不受干扰的环境，但它对政治环境没有特定要求。

这么说，幸福也许可以充当人生的意义，但并不那么一目了然。例如，我们看到，有人会宣称幸福来自于行事卑鄙。他们甚至可能变态地说幸福来自于不幸福，例如"他抱怨的时候最幸福"。换言之，受虐倾向总是存在。只要卑鄙的行为继续下去，一个人的生活就可能在形式上具有意义，即有条有理、前后连贯、细致规划、充满明确的目标，但在道德方面却不值一提甚至恶劣不堪。两者甚至可以联系在一起，例如心灵枯萎的官僚综合症。当然，除了幸福，人生的意义还有其他选项：权力、爱、荣誉、真理、快乐、自由、理性、自主、国家、民族、上帝、自我牺牲、沉思、皈依自然、最大多数人的最大幸福、自我克制、死亡、欲望、世俗成就、周围人的尊敬、获得尽量多的强烈体验、好好地笑一场，等等。理论上也许并非总是如此，但实际上对大多数人来说，人生是因为身边最亲密的人，例如伴侣和孩子，才变得有意义的。

以上选项中有许多会被人认为过于琐碎，或过于工具性，无法构成人生的意义。权力和财富明显属于工具性的范畴；而任何工具性的事物都不具有人生的意义看起来所要求的那种根本特质，因为这些事物之所以存在，是为了比它更为根本的东西。这并不必然地把工具性和次要性等同起来：自由，至少按照某些人的定义，就是工具性的，但大多数人都同意自由非常珍贵。

那么，说权力能构成人生的意义，看来就很可疑了。自然，它是一种珍贵的资源，没有权力的人都领教过。就像财富一样，只有那些拥有很多这一资源的人才有能力鄙视它。任何事物都得看谁在实施它、为了什么目的、在什么样的条件下。但与财富一样，权力也不是目的——除非你采用尼采意义上的“权力”，则权力更接近“实现自我”而不是控制别人。（这不是说尼采对过分的强制力不反感。）在尼采的思想中，“权力意志”表示所有事物都倾向于实现、扩张和增殖自我；我们有理由把这种倾向本身当做目的，就像亚里士多德把人的发展本身当做目的一样。斯宾诺莎对权力持有大体同样的看法。只是，在尼采关于生命的社会达尔文主义理论中，权力的这种无限增长的过程也包含作为控制力的权力，每一种生命形式都在努力征服其他生命形式。那些把作为控制力的权力本身当做目的的人，应该想想丑陋而怪异的英国报业巨头罗伯特·马克斯维尔，那个骗子加流氓，他的身体就是他灵魂的可憎写照。

至于财富，我们生活在这样一个文明当中，这种文明否认财富是自身的目的，并且在实际上也正是以这一态度对待财富的。对资本主义最有力的控诉之一是，它驱使我们把大部分创造性能量投入到纯粹功利性的事物中。人生的手段成了目的。人生成了为生活奠定物质基础的活动。令人震惊的是，人生的物质组织活动在21世纪和在石器时代竟然同样重要。本该用于在某种程度上将人类从劳动的迫切需求当中解放出来的资本，现在却被用来积累更多的资本。

如果人生的意义问题在这种境况下显得颇为急迫，首先是因为这整个的积累过程在根本上漫无目的，就像叔本华笔下的意志一样。资本和意志一样拥有自己的动力，主要为自己而存在，把人当做实现自己盲目发展的工具。它还拥有意志的某些卑劣的诡计，向那些被它当工具使唤的男男女女鼓吹说他们是珍贵的、独特的、自主的。如果说叔本华把这种欺骗行为称做“意识”，马克思则称之为意识形态。

弗洛伊德一开始相信人生的意义是欲望，或者是我们清醒时的无意识的诡计，后来觉得人生的意义是死亡。但这种说法可

图 10　令人生畏的收割者，“巨蟒”喜剧小组的电影《人生的意义》剧照

以表示多种含义。对弗洛伊德本人来说，这表示我们最终都屈服于“Thanatos”,即死亡驱力。但也可以表示,人生若不包含人们没有准备好为之赴死的东西，这种人生就不可能富有成就。或者可以表示,怀着人必有一死的意识生活,就是在怀着现实主义、反讽、诚实以及对自我有限性和脆弱性怀着磨炼意识而生活。至少从这个方面看，真实地把握我们最动物性的特征而生活,即是本真的生活。我们就不会那么想要发动狂妄的念头,给我们自己和其他人带来不幸。对我们自己不会赴死的无意识信任,是我们大部分毁灭能力的根源。

一旦警醒地意识到事物的易逝性，我们就会谨防神经质般地把它们揽入怀中。通过这种不偏不倚的态度，我们能够更好地看清事物原貌,并更充分地享受它们。在这个意义上,死亡提升和加强了生命，而不是取消它的价值。这不是什么及时行乐的药方,而是恰恰相反。抓住当下,有花堪折直须折,今朝有酒今朝醉，活得像活不过今天似的——这些疯狂享乐乃是一种试图胜过死亡的绝望策略,一种盲目地想要欺骗死亡,而不是借助死亡来创造意义的策略。这种策略通过狂热的享乐主义向它所蔑视的死亡低下了头。它虽然使尽浑身解数，但仍是一种悲观的观念,而接受死亡则是实事求是的态度。

另外,意识到自身的局限,也即意识到我们与其他人互相依赖、互相束缚的方式。死亡把局限丢给我们,给我们带来无情的宽慰。当圣保罗说我们每一刻都在死去,他的部分想法也许是,我们只有将自我与他人的需要结合起来,才能活得很好,这是一种“小死亡”,即法国人所说的“petit mort”。我们通过这种方式排练和预演最终的自我否定,即死亡。这样,死亡作为一种自我不断消逝的过程，乃是好的人生的源泉。如果这听起来过于软弱谦卑、自我否定，让人不舒服，那么，这仅仅是因为我们忘了如果别人也和我们采取同样做法的话，结果将形成互惠互利的局面，为每一个人的充分发展提供环境。这种互惠互利的传统名称叫做“爱”。

然而，从字面意义上讲，我们也是每一分钟都在死亡。人生伴随着持续的否定，我们取消一种境况，然后进入另一种境况。这个永恒的自我超越过程叫做历史，只有拥有语言能力的动物才能做到这一点。然而，从精神分析方面来讲，它的名称叫做欲望，这就是欲望能够充当人生意义选项的原因之一。但凡有东西缺失，欲望就会涌上来。欲望与匮乏有关，它把当下掏空，以便把我们送到某个同样掏空的未来。在某种意义上，死亡与欲望互为敌手，因为如果我们停止欲望，历史就会停滞下来。在另一种意义上，作为弗洛伊德眼中的生命源动力的欲望，通过其内在的匮乏反映了每个人都无法避免的死亡。在这个意义上，同样，人生即是对死亡的预期。我们只有心怀死亡才能活下去。

如果死亡充当人生的意义过于令人沮丧，欲望则过于狂热，那么精神上的沉思呢？从柏拉图和斯宾诺莎，到新保守主义的权威列奥·施特劳斯，把反思存在的真理当做人类最高尚的目标，这种想法颇具诱惑力——不消多说，特别是对于知识分子来说。只需每天钻进自己的大学办公室，便已经钻研出宇宙的意义，这感觉听上去不错。这就好比被问及人生的意义时，裁缝回答“一条真正好看的裤子”，农民则回答“一次好收成”。甚至亚里士多德也认为这是最高意义上的满足形式，虽然他的兴趣全部投入在人生的实践形式上。可是，认为人生的意义在于思考人生的意义，这听上去有点同义反复。这种观点还预设了人生的意义是某种命题，比如“自我是一种幻觉”或“万物皆由粗面

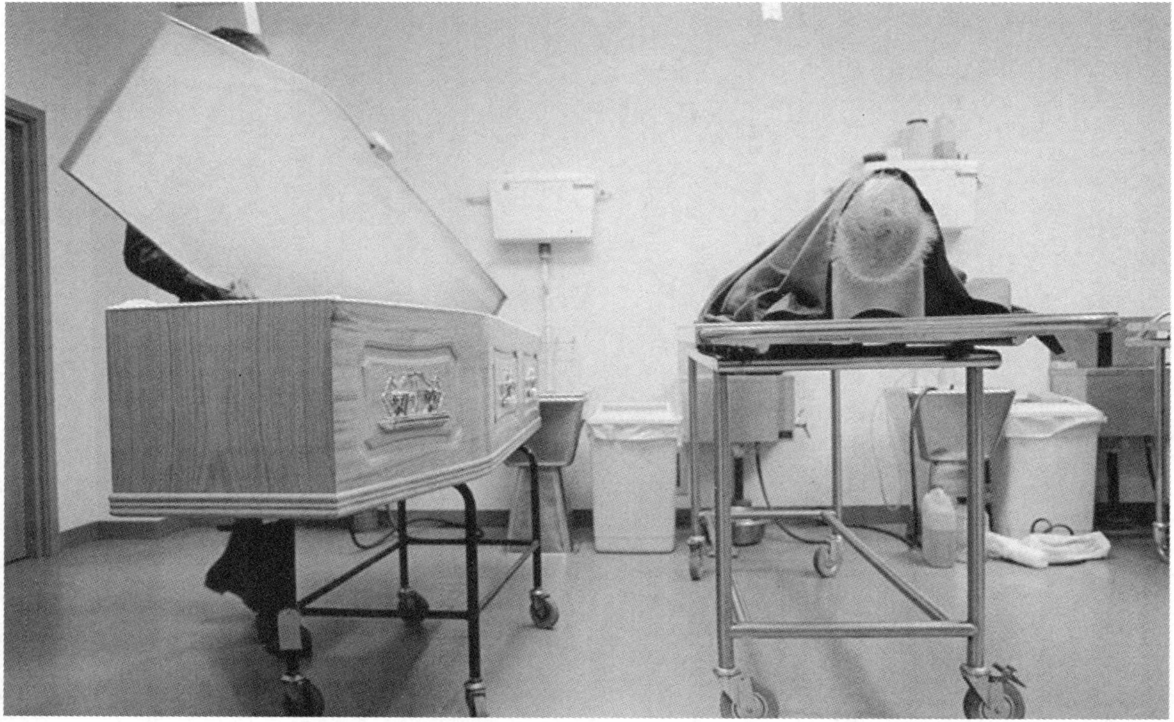

图11 出发到永恒

粉构成”。一小部分精英智者，把自己的生命奉献给了对这些问题的沉思，他们也许足够幸运，能碰巧摸索出问题的某种真相。亚里士多德的看法则不尽然，他觉得这种沉思，或者说“theōria”，本身便是一种实践；但它又是一种危险，这种情形通常会招致的危险。

不过，如果人生确实有意义，那个意义肯定不是这种沉思性的。人生的意义与其说是一个命题，不如说是一种实践。它不是深奥的真理，而是某种生活**形式**。它本身只能在生活中真正为人所知晓。也许，这就是维特根斯坦在《逻辑哲学论》中说下面这段话时心中所想的：“我们感觉，即使所有可能存在的科学问题都解答完了，诸多人生问题还是完全没有触及。当然，那时世界上就没有问题了，这就是答案。从这个问题的消失中，能看出人生问题的答案。”（6.52，6.251）

我们能从这些令人费解的话当中领悟些什么呢？维特根斯坦的意思大概不是说人生的意义是一个伪问题，而是说，在哲学范围内这是一个伪问题。维特根斯坦对哲学并无多少敬意，他撰写《逻辑哲学论》的目的便是要终结哲学。他认为，所有的重大问题都处于哲学的严格界限之外。人生的意义无法以确凿命题的形式来言说；而对早期的维特根斯坦来说，只有这类确凿的命题才具有意义。当我们意识到人生的意义不可能成为某个在哲学上有意义的问题的答案时，我们便窥见了一丝人生意义。它绝不是什么“解答”。一旦我们认识到它超越所有这些问题，我们便知道，**这**就是我们的答案。

本书前面所引用的维特根斯坦的话——“令人费解的不是这个世界的样貌如何，而是这个世界存在着**这一事实**”——也许指的是，我们可以讨论世界上这种或那种事态，但无法讨论作为一个整体的世界的价值或意义。这不是说维特根斯坦把这些讨论当做无意义的话丢在一边，那是逻辑实证主义者的做法。相反，他认为，这些讨论要比讨论实际的事态更加重要。只是说，语言无法描述作为整体的世界。但是，尽管作为整体的世界的价值和意义不能被陈述出来，它们却能被展现出来。有一种相反的方法是，展现哲学**无法**说出来的那些东西。

人生的意义不是对某个问题的解答，而是关乎以某种方式生活。它不是形而上的，而是伦理性的。它并不脱离生活，相反，它使生命值得度过——也就是说，它使人生具有一种品质、深度、丰富性和强度。在这个意义上，从某种角度看人生的意义便是人生本身。执著于人生的意义的人们通常会对这种说法感到失望，因为它通常不够神秘和华丽。它看起来太老套、太通俗。只不过比“42”给人的启迪稍微多些。或者，实际上是比 T 恤衫上印的“如果霍基—科基舞是意义的全部呢？”给人的启迪更多些。它把人生的意义问题从行家或专家的小圈子手中夺回来，放回日常生存的平常事务当中。这正是马太在他的福音中所创立的突降法，他在福音书中呈现了人之子在末日审判之际由天使簇拥着充满荣光地返回的场景。尽管有这个现成的宇宙意象，救赎最终呈现出来的面貌却异常平庸——为饥民提供食物、为口渴的人提供饮用水、欢迎陌生的外来者、慰问囚犯。这没有任何“宗教”魅力或气息。随便什么人都能做。宇宙的关键原来不是什么令人震惊的启示，而是许多正直的人都能做到的事，根本不用多想。永恒并不在一粒沙当中，而是在于一杯水之中。[①] 宇宙以抚慰疾患为中心。这么做的时候，你就在分享那铸就满天繁星的

① 此处暗指威廉·布莱克的名句“一花一世界，一沙一天国”(to see a world in a grain of sand, and a heaven in a wild flower)。——译注

爱。按照这种方式度日，不仅是在拥有生活，而且是拥有丰富的生活。

这种行为叫做“agapē”，即爱，它与情欲甚至是柔情无关。爱的律令完全是非个人的：这种爱的原型是对陌生人的爱，而不是去爱那些你欲求或欣赏的人。它是一种生活实践或生活方式，而不是心理状态。它无关温暖的热情或私密的温存。那么，人生的意义是爱吗？许多敏锐的观察家，尤其是艺术家，无疑认为这是最佳的答案。爱像幸福一样，是某种基础，可以充当自身的目的。爱和幸福大约都属于我们的本性。很难解释你为什么要费心把饮用水递给口渴的人，尤其是在你知道他们将在几分钟内死去的时候。

不过，这两种价值在其他一些方面也存在冲突。有些人一辈子照料严重残疾的孩子，为了他们的爱而牺牲了自己的幸福，尽管这种牺牲也是以（孩子的）幸福的名义。为正义而斗争，是爱的一种表现形式，但这会给你带来死亡的危险。爱是一件令人劳累和沮丧的事，充满挣扎与挫折，而不是笑嘻嘻的、傻头傻脑的满足感。不过，我们仍然可以说，爱与幸福最终可以归结为对同一种生活方式的不同描述。其中一个原因是，幸福实际上不是某种笑嘻嘻的、傻头傻脑的满足感，而是（至少对亚里士多德来说）福祉的条件，福祉来自于个人力量和能力的自由发展。可以说，从关联的角度来看，爱也是福祉的条件——在此状态下，一个人的发展来源于其他人的发展。

我们该如何理解爱的这一定义，遥远得如同既来自卡图卢斯[①]又来自凯瑟琳·库克森[②]？首先，我们可以回到早先的想法，

① 加伊乌斯·瓦列留斯·卡图卢斯（约前87—约前54），古罗马诗人，主要以爱情诗闻名。——译注

② 凯瑟琳·库克森（1906—1998），英国现代女作家。——译注

即人生具有内在意义的可能性，并不依赖于对某种超验力量的信仰。人类进化是随机的意外事件，这很有可能，但它并不一定表示人类就不具有某种特定的本性。也许，好的人生便是要实现这一本性。蜜蜂的进化也是随机的，但我们当然可以说蜜蜂具有一种确定的本性。蜜蜂做蜜蜂的事情。在人类身上，则较难分辨这一点，因为人类不像蜜蜂，我们在本性上是文化动物，而文化动物具有高度的不确定性。即使是这样，我们似乎仍可以明显看到，文化并未简单地取消我们的"物种存在"，或者说物质本性。例如，我们在本性上是社会性的动物，必须合作生活，否则就会死掉；但我们也是个体性的存在，各自寻求各自的实现。个体化是我们物种存在的一项活动，而不是一项与之冲突的条件。比如，若不是由于语言，我们无法达到个体化，而语言之所以属于我，仅仅是因为语言首先属于整个物种。

我们称为"爱"的东西，即我们调和个体实现与社会性动物之本性的方式。因为，爱表示为别人创造发展的空间，同时，别人也为你这么做。每个人自我的实现，成为他人的实现的基础。一旦以这种方式意识到我们的本性，我们便处于最好的状态。部分原因是，以允许他人同样实现自我的方式实现自我，这可以排除谋杀、剥削、酷刑、自私等因素。我们如果损害他人，长远地看也就是损害自我的实现，因为自我的实现必须依靠他人的自由参与。由于不平等的个体之间不可能有真正的互惠互利，以长远的眼光来看，压迫和不平等也会阻碍自身的发展。这些都与自由主义的社会模式相冲突，对于自由主义来说，只要我的个人发展不受他人干预，就足够了。他人并非我存在的主要基础，而是危胁我存在的潜在因素。亚里士多德亦是如此，尽管众所周知,他认为人都是政治动物。他并不认为美德或福祉具有本质的关联。他固然认为,他人对自我的发展至关重要,孤独的人生只适合诸神和野兽。但据阿拉斯戴尔·麦金太尔的研究,亚里士多德意义上的人不懂得爱为何物。[①]

认为人生的意义主要是一件个人事务,这种看法流行至今。朱立安·巴吉尼写道,"追求意义的过程本质上是个人性的",包含"发掘,并部分地为我们决定何为意义的能力和责任"[②]。约翰·科廷汉把有意义的人生说成是"个体在其中参与……真正值得参与的活动,这些活动反映了他或她作为自主个体的理性选择"[③]。此话一点不假。但这段话反映了在现代普遍存在的个人主义偏见。它没有把人生的意义看做共同的或互惠互利的事业。它没能意识到,就定义来说,可能不存在只属于我个人的意义,无论是人生的意义或其他什么意义。如果我们在他人当中并通过他人而存在,那么,这一定密切关系到人生的意义问题。

按照我刚才提出的理论,人生的意义的两大选项——爱和幸福——在根本上互不冲突。如果按照亚里士多德的理论,幸福是我们的能力的自由发展,如果爱是容许能力自由发展的互惠互利,那么,两者就没有终极的矛盾。幸福与道德之间也没有冲突,因为,公正而同情地对待他人,这就大的层面来说是自我发展的条件之一。那么,我们就更没有必要担心这样一种人生:就它是创造性的、有活力的、成功的、得到实现的这一面来说,它看似有意义,但另一方面它又包含对他人的虐待或践踏。按照这个理论,人们也不必像巴吉尼说的那样,应该在许多选项中被迫选

① 阿拉斯戴尔·麦金太尔,《伦理学简史》(伦敦,1968),第80页。

② 巴吉尼,《一切都是为了什么?》,4,86。

③ 科廷汉,《论人生的意义》,第66页。

图 12 好景社交俱乐部

择什么是良善人生。巴吉尼为人生的意义提出许多可能性——幸福、利他、爱、成就、丧失或克制自我、快乐、属于物种的更大的善，并以他自由主义的方式说，每个选项都有点道理。相应地，他提出了挑选加混合的模式。我们每个人都像设计师一样，从这些善中挑选自己中意的，然后捏合成独属于自己的独特人生。

不过，我们可以在巴吉尼列举的选项中画条线，然后就会发现这些善中的大多数可以被结合在一起。举一个好的人生的意象，比如爵士乐队。[①]爵士乐队的即兴演奏明显与交响乐队不同，因为很大程度上每位演奏者都可以按自己的喜好来自由表现。但是，她在这么做的时候，对其他乐手自我表达式的演奏，怀有一种接纳性的敏感。他们所形成的复合的和谐状态，并非源于演奏一段共同的乐谱，而是源于在他人自由表达的基础上，每位乐手都用音乐自由地表达。每位乐手的演奏越有表现力，其他乐手就会从中得到灵感，被激励而达到更精彩的效果。在这里，自由与“整体的善”之间没有冲突，但这个意象与极权主义截然相反。虽然每位乐手都为“整体的更大的善”作出了贡献，但她不是通过苦涩的自我牺牲，而只是通过表达自我。这当中有自我实现，但实现的方式是自我在作为整体的音乐中消失。其中有成就，但不是自吹自擂的成功。相反，成就——音乐本身——充当着乐手之间发生关联的媒介。演奏的高超技巧带来快乐，并且——因为人的力量得到了自由满足或实现——存在着自我发展意义上的幸福。由于这种自我发展是互惠互利的，我们甚至可以宽泛地、比拟地说，这是一种爱。当然，把这一场景比做人生的意义大概是最妥当的——一方面，它使得人生富有意义；另一方面（更有争议一些），我们如此这般行事，便可实现最佳的

① 这个意象的灵感来自于G.A. 科恩。

本性。

照这么说，爵士乐是人生的意义？不完全是。将爵士乐比做人生的意义，那就意味着要在更大的范围内建构类似的共同体，而那是属于政治的问题。自然，那是乌托邦式的奋斗目标，但并不更糟糕。这类奋斗目标的关键是要指出一个方向，不管我们将来会如何不幸地注定达不到目标。我们需要的是一种毫无目的的生活，就像爵士乐演奏那样毫无目的。它不是要服务于某个功利目的或形而上的严肃宗旨，它本身就是一种愉悦。它不需要处于自身存在之外的合法性理由。在这个意义上，人生的意义有趣地接近于无意义。有些宗教信徒会觉得对人生意义的这种看法太过散漫、缺少慰藉，但他们应该提醒自己，上帝也是他自身的目的、根基、来源、理性和自我愉悦，人类只有这样活着，才能说是分享着他的生命。宗教信徒有时会说，有信仰的人和没信仰的人之间的一个关键区别是，对于前者来说，人生的意义和目的处于人生之外。但是，即使对宗教信徒来说也并非全然如此。按照古典神学的理论，上帝虽然超越俗世，但会在俗世中以深刻的真理形式存在。正如维特根斯坦曾说的：如果真的存在永恒的生命，它必然就在此地此时。作为永恒之化身的，正是此时此刻，而非这样的时刻的无穷接续。

那么，我们一劳永逸地解决这个问题了吗？现代性的一个特征是，几乎没有任何重大问题能够一劳永逸地得到解决。正如我在前文所说，现代性是这样一个时代，身处其中的我们渐渐意识到即使在最关键、最根本的问题上我们也无法取得共识。无疑，我们关于人生意义的持续争论将产生丰富的成果。但是，在这样一个危险无处不在的世界中，我们追寻共同意义的失败过程既鼓舞斗志，又令人忧虑。

索　引

（条目后的数字为原文页码）

A

B

C

I

J

K

L

S

T

U

V

W

Y

Terry Eagleton

THE MEANING OF LIFE

A Very Short Introduction

For Oliver, who found the whole idea deeply embarrassing

Contents

List of illustrations

The publisher and the author apologize for any errors or omissions in the above list. If contacted they will be pleased to rectify these at the earliest opportunity.

Preface

Anyone rash enough to write a book with a title like this had better brace themselves for a postbag crammed with letters in erratic handwriting enclosing complex symbolic diagrams. The meaning of life is a subject fit for either the crazed or the comic, and I hope I have fallen more into the latter camp than the former. I have tried to treat a high-minded topic as lightly and lucidly as possible, while at the same time taking it seriously. But there is something absurdly overreaching about the whole subject, in contrast to the more miniature scale of academic scholarship. Years ago, when I was a student in Cambridge, my eye was caught by the title of a doctoral thesis which read 'Some aspects of the vaginal system of the flea'. It was not, one would guess, the most suitable work for those with poor eyesight; but it revealed an appealing modesty that I have apparently failed to learn from. I can at least claim to have written one of the very few meaning-of-life books which does not recount the story of Bertrand Russell and the taxi driver.

I am very grateful to Joseph Dunne, who read the book in manuscript and made some invaluable criticisms and suggestions.

TE

Chapters 1
Questions and answers

Philosophers have an infuriating habit of analysing questions rather than answering them, and this is how I want to begin.[1] Is 'What is the meaning of life?' a genuine question, or does it just look like one? Is there anything that could count as an answer to it, or is it really a kind of pseudo-question, like the legendary Oxford examination question which is supposed to have read simply: 'Is this a good question?'

'What is the meaning of life?' looks at first glance like the same kind of question as 'What is the capital of Albania?', or 'What is the colour of ivory?' But is it really? Could it be more like 'What is the taste of geometry?'

There is one fairly standard reason why some thinkers regard the meaning-of-life question as being itself meaningless. This is the case that meaning is a matter of language, not objects. It is a question of the way we talk about things, not a feature of things themselves, like texture, weight, or colour. A cabbage or a cardiograph is not meaningful in itself; it becomes so only by being caught up in our conversations. On this theory, we can make life meaningful by our talk about it; but it cannot have a meaning

[1] Perhaps I should add that I am not myself a philosopher, a fact which I am sure some of my reviewers will point out in any case.

in itself, any more than a cloud can. It would not make sense, for example, to speak of a cloud as being either true or false. Rather, truth and falsehood are functions of our human propositions about clouds. There are problems with this argument, as there are with most philosophical arguments. We shall be looking at a few of them later on.

Let us take a brief look at an even more imposing query than 'What is the meaning of life?' Perhaps the most fundamental question it is possible to raise is 'Why is there anything at all, rather than nothing?' Why is there anything about which we can ask 'What does it mean?' in the first place? Philosophers are divided about whether this is a real question or a bogus one, though theologians for the most part are not. For most theologians, the answer to this inquiry is 'God'. God is said to be 'Creator' of the universe not because he is some kind of mega-manufacturer, but because he is the reason why there is something rather than nothing. He is, as they say, the ground of being. And this would still be true of him even if the universe had no beginning. He would still be the reason why there is something rather than nothing even if there has been something from all eternity.

'Why is there anything and not just nothing?' could be roughly translated as 'How come the cosmos?' This could be taken as a question about causality – in which case, 'How come?' would mean 'Where does it come from?' But this is surely not what the query means. If we tried to answer the question by talking about how the universe got off the ground in the first place, then those causes must themselves be part of everything, and we are back to where we started. Only a cause which was not part of everything – one which transcended the universe, as God is supposed to do – could avoid being dragged back into the argument in this way. So this is not really a question about how the world came about. Nor, for theologians at least, is it a question about what the world is *for*, since in their opinion the world has no purpose whatsoever. God is not a celestial engineer who created the world with some strategically calculated goal in mind. He is an artist who created it simply for his own self-delight, and for the self-delight of Creation itself. It is understandable, then, why he is widely considered to have something of a twisted sense of humour.

'Why is there anything rather than nothing?' is rather an expression of wonderment that there is a world in the first place, when there could presumably quite easily have been nothing. Perhaps this is part of what Ludwig Wittgenstein has in mind when he remarks that 'Not how the world is, is the mystical, but *that* it is'.[2] This, one might claim, is Wittgenstein's version of what the German philosopher Martin Heidegger calls the *Seinsfrage*, or question of Being. 'How come Being?' is the question to which Heidegger wants to return. He is less interested in how particular entities came about, than in the mind-bending fact that there are entities in the first place. And these things are open to our understanding, as they might easily not have been.

For many philosophers, however, not least Anglo-Saxon ones, 'How come Being?' is a supreme example of a pseudo-question. In their view, it would not only be difficult, if not impossible, to know how to answer it; it is deeply doubtful that there is anything there to be answered. For them, it is really just a ponderous Teutonic way of saying 'Wow!' It may be a valid question for the poet or mystic, but not for the philosopher. And in the Anglo-Saxon world in particular, the barricades between the two camps are vigilantly manned.

In a work like *Philosophical Investigations*, Wittgenstein was alert to the difference between real questions and phoney ones. A piece of language can have the grammatical form of a question but not actually be one. Or our grammar can mislead

[2] Ludwig Wittgenstein, *Tractatus Logico-Philosophicus* (London, 1961), 6.44.

us into mistaking one kind of proposition for another. 'What then, fellow countrymen, once the enemy is vanquished, can we not accomplish in the hour of victory?' sounds like a question anticipating an answer, but is in fact a rhetorical question, to which one would probably be ill-advised to return the reply: 'Nothing'. The utterance is cast in interrogative form simply to enhance its dramatic force. 'So what?', 'Why don't you get lost?', and 'What are you staring at?' sound like questions but aren't really. 'Whereabouts in the body is the soul?' might sound like a reasonable sort of question to pose, but only because we are thinking along the lines of a question like 'Whereabouts in the body are the kidneys?' 'Where is my envy?' has the form of a kosher question, but only because we are unconsciously modelling it on 'Where is my armpit?'

Wittgenstein came to believe that a great many philosophical puzzles arise out of people misusing language in this way. Take, for example, the statement 'I have a pain', which is grammatically akin to 'I have a hat'. This similarity might mislead us into thinking that pains, or 'experiences' in general, are things we have in the same way that we have hats. But it would be strange to say 'Here, take my pain'. And though it would make sense to say 'Is this your hat or mine?', it would sound odd to ask 'Is this your pain or mine?' Perhaps there are several people in a room and a pain floating around in it; and as each person in turn doubles up in agony, we exclaim: 'Ah, now *he's* having it!'

This sounds merely silly; but in fact it has some fairly momentous implications. Wittgenstein is able to disentangle the grammar of 'I have a hat' from 'I have a pain' not only in a way that throws light on the use of personal pronouns like 'I' and 'he', but in ways which undermine the long-standing assumption that my experiences are a kind of private property. In fact, they seem even more like private property than my hat, since I can give away my hat, but not my pain. Wittgenstein shows us how grammar deceives us

1. Ludwig Wittgenstein, commonly thought to be the greatest philosopher of the twentieth century

into thinking this way, and his case has radical, even politically radical, consequences.

The task of the philosopher, Wittgenstein thought, was not so much to resolve these inquiries as to *dissolve* them – to show that they spring from confusing one kind of 'language game', as he called it, with another. We are bewitched by the structure of our language, and the philosopher's job was to demystify us, disentangling different uses of words. Language, because it inevitably has a degree of uniformity about it, tends to make different kinds of utterance look pretty much the same. So Wittgenstein toyed with the idea of appending as an epigraph to his *Philosophical Investigations* a quotation from *King Lear*: 'I'll teach you differences'.

This was not a view confined to Wittgenstein alone. One of the greatest of all nineteenth-century philosophers, Friedrich Nietzsche, anticipated it when he wondered whether it was because of our grammar that we had failed to get rid of God. Since our grammar allows us to construct nouns, which represent distinct entities, then it also makes it seem plausible that there can be a kind of Noun of nouns, a mega-entity known as God, without which all the little entities around us might simply collapse. Nietzsche, however, believed neither in mega-entities nor in everyday ones. He thought the very idea of there being distinct objects, such as God or gooseberries, was just a reifying effect of language. He certainly believed this about the individual self, which he saw as no more than a convenient fiction. Perhaps, so he implies in the above remark, there could be a human grammar in which this reifying operation was not possible. Perhaps this will be the language of the future, one spoken by the *Übermensch* or Meta-man who has got beyond nouns and discrete entities altogether, and therefore beyond God and similar metaphysical illusions. The philosopher Jacques Derrida, a thinker much indebted to Nietzsche, is rather more pessimistic in this respect. For him, as for Wittgenstein, such metaphysical illusions are built into the very structure of our language, and cannot be eradicated. The philosopher must simply wage a ceaseless, Canute-like war against them – a battle which Wittgenstein sees as a kind of linguistic therapy, and which Derrida terms 'deconstruction'.[3]

Just as Nietzsche thought that nouns were reifying, so someone might think this of the word 'life' in the question 'What is the meaning of life?' We shall be looking at this more closely later. It might also be thought that the question models itself unconsciously on a different kind of question altogether, and that this is where it goes wrong. We can say 'This is worth a dollar, and so is that, so how much are they worth altogether?'; so it feels as though we can also say 'This bit of life has meaning, and so has that bit, so what meaning do all the various bits add up to?' But it does not follow from the fact that the parts have meaning that the whole has a meaning over and above them, any more than it follows that a lot of little things add up to one big thing simply because they are all coloured pink.

All this, to be sure, brings us no nearer to the meaning of life. Yet questions are worth examining, since the nature of a question is important in determining what might count as an answer to it. In fact, it could be claimed that it is questions, not answers, which are the difficult thing. It is well known what kind of answer a silly question provokes. Posing the right kind of question can open up a whole new continent of knowledge, bringing other vital queries tumbling in its wake. Some philosophers, of a so-called hermeneutical turn of mind, see reality as whatever it is that returns an answer to a question. And reality, which like a veteran criminal does not just spontaneously pipe up without first being interrogated, will only respond to us in accordance with the kinds of inquiries we put to it. Karl Marx once observed somewhat cryptically that human beings only pose such problems as they

[3] For a more detailed discussion, see my 'Wittgenstein's Friends', in *Against the Grain* (London, 1986).

can resolve – meaning perhaps that if we have the conceptual apparatus to pose the question, then we already have in principle the means to determine an answer to it.

This is partly because questions are not posed in a vacuum. It is true that they do not have their answers tied conveniently to their tails; but they intimate the kind of response that would at least count as an answer. They point us in a limited range of directions, suggesting where to look for a solution. It would not be hard to write the history of knowledge in terms of the kind of questions men and women have thought it possible or necessary to raise. Not any question is possible at any given time. Rembrandt could not ask whether photography had rendered realist painting redundant.

This is not of course to suggest that all questions are answerable. We tend to assume that where there is a problem there must be a solution, just as we tend rather oddly to imagine that things which are in fragments should always be put back together again. But there are plenty of problems to which we will probably never discover solutions, along with questions which will go eternally unanswered. There is no record of how many hairs adorned Napoleon's head when he died, and now we shall never know. Perhaps the human brain is simply not up to resolving certain questions, such as the origins of intelligence. Perhaps this is because there is no evolutionary need for us to do so, though there is no evolutionary need for us to understand *Finnegans Wake* or the laws of physics either. There are also questions to which we do not know the answers because there are in fact no answers, such as how many children Lady Macbeth had, or whether Sherlock Holmes had a small mole on his inner thigh. We cannot answer this last question in the negative any more than we can reply to it in the affirmative.

It is possible, then, that there is indeed an answer to the meaning-of-life question, but that we shall never know what it is. If this is so, then we are in something like the situation of the narrator of Henry James's story 'The Figure in the Carpet', who is told by a celebrated author he admires that there is a concealed design in his work, one implicit in every image and turn of phrase. But the author dies before the baffled, frantically curious narrator can discover what it is. Perhaps the author was having him on. Or maybe he thought there was such a design in his work, but there wasn't. Or perhaps the narrator is somehow seeing the design all along without grasping the fact that he has grasped it. Or maybe any design he himself manages to construct will do.

It is even conceivable that not knowing the meaning of life is part of the meaning of life, rather as not counting how many words I am uttering when I give an after-dinner speech helps me to give an after-dinner speech. Perhaps life is kept going by our ignorance of its fundamental meaning, as capitalism is for Karl Marx. The philosopher Arthur Schopenhauer thought something of the kind, and so in a sense did Sigmund Freud. For the Nietzsche of *The Birth of Tragedy*, the true meaning of life is too terrible for us to cope with, which is why we need our consoling illusions if we are to carry on. What we call 'life' is just a necessary fiction. Without a huge admixture of fantasy, reality would grind to a halt.

There are moral problems, too, to which no solution can be had. Because there are different kinds of moral goods, such as courage, compassion, justice, and so on, and because these values are sometimes incommensurable with one another, it is possible for them to enter into tragic conflict with each other. As the sociologist Max Weber bleakly remarked: 'The ultimately possible attitudes to life are irreconcilable, and hence their struggle can never be brought to a final conclusion.'[4] Isaiah Berlin writes in similar vein that 'the world that we encounter in ordinary

[4] Max Weber, *Essays in Sociology*, ed. H. H. Gerth and C. Wright Mills (London, 1991), 152.

experience is one in which we are faced by choices equally absolute, the realisation of some of which must inevitably mean the sacrifice of others'.[5] This, one might say, reflects a certain tragic vein of liberalism, which, unlike the callow cult of 'choice' or 'options' of our own day, is prepared to reckon the devastating cost of its commitment to liberty and diversity. It also contrasts with a more up-beat brand of liberalism for which plurality is inherently beneficial and the conflict between moral values invariably energizing. But the truth is that there just are situations from which one can emerge only with dirty hands. Pressed far enough, every moral law starts to come apart at the seams. The novelist Thomas Hardy was well aware that you can paint yourself unwittingly into moral corners in which, whichever way you move, someone is bound to get badly damaged. There is simply no answer to the question of which of your children you should sacrifice if a Nazi soldier orders you to hand over one of them to be killed.[6]

Something of the same goes for political life as well. It is surely clear that the only ultimate solution to terrorism is political justice. Terrorism, however atrocious, is not in this sense irrational: there are situations such as Northern Ireland in which those who use terror to promote their political ends come to recognize that their demands for justice and equality are at last being partly met, conclude that the use of terror has now become counterproductive, and agree to abandon it. As far as Islamic fundamentalist terror goes, however, there are those who claim that even if Arab demands were to be fulfilled – if a just solution to the Palestine/Israeli question were to be implemented, US military bases banished from Arab territory, and so on – the slaying and maiming of innocent civilians would carry on.

[5] Isaiah Berlin, *Four Essays on Liberty* (Oxford, 1969), 168.

[6] For a useful discussion of moral dilemmas, see Rosalind Hursthouse, *On Virtue Ethics* (Oxford, 1999), ch. 3.

Perhaps it would. But this may be to say no more than that the problem has now escalated beyond all feasible resolution. This need not be a defeatist judgement, simply realistic. Destructive forces which spring from remediable causes can take on a lethal momentum of their own which there is finally no stopping. Perhaps it is now simply too late to staunch the spreading of terrorism. In which case there is no solution to the problem of terrorism – a proposition that would be impossible for most politicians to voice publicly, and one that is profoundly unpalatable to most other people, not least chronically up-beat Americans. Even so, it may be the truth. Why should one imagine that when there is a problem there is always a solution?

One of most powerful meaning-of-life questions without an up-beat solution is known as tragedy. Of all artistic forms, tragedy is the one that confronts the meaning-of-life question most searchingly and unswervingly, intrepidly prepared as it is to entertain the most horrific of responses to it. Tragedy at its finest is a courageous reflection on the fundamental nature of human existence, and has its origin in an ancient Greek culture in which life is fragile, perilous, and sickeningly vulnerable. For the ancient tragedians, the world is only fitfully penetrable by the frail light of reason; past deeds weigh in upon present aspirations to strangle them at birth; and men and women find themselves languishing in the grip of brutally vindictive forces which threaten to tear them to pieces. Only by keeping your head down as you pick a precarious way through the minefield of human existence can you hope to survive, paying homage to cruelly capricious gods who often enough scarcely deserve human respect, let alone religious veneration. The very human powers which might allow you to find a foothold in this unstable terrain continually threaten to spin out of control, turning against you and bringing you low. It is in these fearful conditions that the Chorus of Sophocles' *Oedipus the King* delivers its final gloomy judgement: 'Count no man happy till he dies, free of pain at last.'

This may be a response to the problem of human existence, but it is hardly a solution to it. For tragedy, there is often enough no answer to why individual lives are crushed and mutilated beyond endurance, why injustice and oppression appear to reign sovereign in human affairs, or why men are deceived into chewing the roasted flesh of their own slaughtered children. Or rather, the only answer lies in the resilience with which these issues are confronted, the depth and artistry with which they are framed. Tragedy at its most potent is a question without an answer, deliberately depriving us of ideological consolation. If it demonstrates in its every gesture that human existence cannot tolerably carry on like this, it challenges us to find a solution to its anguish which is more than just another piece of wishful thinking, piecemeal reformism, sentimental humanism, or idealist panacea. In portraying a world in urgent need of redemption, it intimates at the same moment that the very thought of redemption may well be just another way of distracting ourselves from a terror which threatens to turn us to stone.[7]

Heidegger argues in his work *Being and Time* that humans are distinguished from other beings by their capacity to put their own existence into question. They are the creatures for whom existence as such, not just particular features of it, is problematic. This or that situation might prove problematic for a warthog, but – so the theory goes – humans are those peculiar animals who confront their own situation as a question, quandary, source of anxiety, ground of hope, burden, gift, dread, or absurdity. And this is not least because they are aware, as warthogs presumably are not, that their existence is finite. Human beings are perhaps the only animals who live in the perpetual shadow of death.

All the same, there is something distinctively 'modern' about Heidegger's case. It is not, of course, that Aristotle or Attila the

[7] I have written more fully on the idea of tragedy in *Sweet Violence: The Idea of the Tragic* (Oxford, 2003).

Hun were not conscious of being mortal, though the latter was probably more conscious of other people's mortality than his own. It is also true that human beings, not least because they have language, are capable of objectifying their own existence in a way that tortoises presumably are not. We can speak of something called the 'human condition', whereas it is unlikely that tortoises brood under the shelter of their shells on the condition of being a tortoise. Tortoises are in this sense remarkably similar to postmodernists, to whom the idea of the human condition is equally alien. Language, in other words, allows us not only to get a fix on ourselves, but to conceive of our situation as a whole. Because we live by signs, which bring along with them the capacity for abstraction, we can distance ourselves from our immediate contexts, free ourselves from the imprisonment of our bodily senses, and speculate on the human situation as such. Like fire, however, the power of abstraction is an ambiguous gift, at once creative and destructive. If it allows us to think in terms of whole communities, it also allows us to lay them waste with chemical weapons.

Distancing of this kind does not involve leaping out of our skins, or gazing down on the world from some Olympian vantage-point. To meditate on our being in the world is part of our way of being in the world. Even if 'the human situation as such' turns out to be a metaphysical mirage, as postmodern thought insists, it remains a conceivable object of speculation. So there is something, no doubt, to Heidegger's claim. Other animals may be anxious about, say, escaping predators or feeding their young, but they do not give the appearance of being troubled by what has been called 'ontological anxiety': namely, the feeling (sometimes accompanied by a particularly intense hangover) that one is a pointless, superfluous being – a 'useless passion', as Jean-Paul Sartre put it.

Even so, talk of dread, anxiety, nausea, absurdity, and the like as characteristic of the human condition is a lot more common among twentieth-century artists and philosophers than it is among twelfth-century ones. What marks modernist thought from one end to another is the belief that human existence is *contingent* – that it has no ground, goal, direction, or necessity, and that our species might quite easily never have emerged on the planet. This possibility then hollows out our actual presence, casting across it the perpetual shadow of loss and death. Even in our most ecstatic moments, we are dimly aware that the ground is marshy underfoot – that there is no unimpeachable foundation to what we are and what we do. This may make our finest moments even more precious, or it may serve to drastically devalue them.

This is not a viewpoint which would have rallied much support among twelfth-century philosophers, for whom there was a solid foundation to human existence known as God. Yet even for them, this did not mean that our presence in the world was necessary. Indeed, it would have been heretical to think so. To claim that God transcends his own Creation is to say among other things that he did not need to bring it about. He did so out of love, not need. And that includes bringing us about as well. Human existence is gratuitous – a matter of grace and gift – rather than indispensable. God could have got on perfectly well without us, and would have had a much quieter life had he done so. Like the father of some appalling little brat, he might well have lived to regret his decision to go in for paternity. Human beings first of all disobeyed his laws, and then, to add insult to injury, lost faith in him altogether while continuing to flout his commands.

There may be a sense, then, in which inquiring after the meaning of life is a permanent possibility for human beings – part, indeed, of what makes us the kind of creatures we are. Job in the Old Testament raises the question quite as insistently as Jean-Paul Sartre. Yet for most ancient Hebrews, the question was presumably irrelevant because the answer was obvious. Yahweh and his Law were the meaning of life, and not to recognize this would have been well-nigh unthinkable. Even Job, for whom human existence (or at least his own bit of it) is all a dreadful mistake which ought to be called off as soon as possible, acknowledges Yahweh's omnipotent presence.

The question 'What is the meaning of life?' might have seemed to an ancient Hebrew as curious as the question 'Do you believe in God?' For most people today, including a lot of religious believers, the latter question is unconsciously modelled on questions like 'Do you believe in Father Christmas?', or 'Do you believe in alien abductions?' On this view, there are certain beings, all the way from God and the Yeti to the Loch Ness monster and the crew of UFOs, who may or may not exist. The evidence is equivocal, and opinion is accordingly divided on the matter. But an ancient Hebrew would probably not have imagined that 'Do you believe in God?' meant anything like that. Since the presence of Yahweh was proclaimed by the whole earth and heavens, the question could only mean: 'Do you have faith in him?' It was a matter of a practice, not of an intellectual proposition. It asked about a relationship, not about an opinion.

Perhaps, then, pre-modern peoples in general, despite Heidegger's very general claims, were less plagued by the meaning-of-life question than we moderns are. This was not only because their religious beliefs were less up for question, but because their social practices were less problematic as well. Perhaps the meaning of life in such conditions consists in doing more or less what your ancestors did, and what age-old social conventions expect of you. Religion and mythology are there to instruct you in what basically matters. The idea that there could be a meaning to your life which was peculiar to you, quite different from the meaning of other people's lives, would not have mustered many votes. By and large, the meaning of your life consisted of its function within a greater whole. Outside this context, you were simply an empty signifier. The word 'individual' originally means 'indivisible' or 'inseparable from'. Homer's Odysseus seems to feel roughly this way, whereas Shakespeare's Hamlet most definitely does not.

Feeling that the meaning of your life is a function of a greater whole is not at all incompatible with having a robust sense of selfhood. It is the meaning of individual selfhood, not the reality of it, which is at stake here. This is not to say that pre-modern people did not ask themselves who they were or what they were doing here. It is simply that they seem for the most part to have been less agitated by the question than, say, Albert Camus or the early T. S. Eliot. And this has much to do with their religious faith.

If pre-modern cultures were generally less bothered by the meaning of life than Franz Kafka, the same would seem to be true of postmodern ones. In the pragmatist, streetwise climate of advanced postmodern capitalism, with its scepticism of big pictures and grand narratives, its hard-nosed disenchantment with the metaphysical, 'life' is one among a whole series of discredited totalities. We are invited to think small rather than big – ironically, at just the point when some of those out to destroy Western civilization are doing exactly the opposite. In the conflict between Western capitalism and radical Islam, a paucity of belief squares up to an excess of it. The West finds itself faced with a full-blooded metaphysical onslaught at just the historical point that it has, so to speak, philosophically disarmed. As far as belief goes, postmodernism prefers to travel light: it has beliefs, to be sure, but it does not have faith.

Even 'meaning' becomes a suspect term for postmodern thinkers like the French philosopher Gilles Deleuze. It assumes that one thing can represent or stand in for another, an assumption which is felt by some to be *passé*. The very idea of interpretation thus comes under assault. Things are just baldly themselves, rather than enigmatic signs of something else. What you see is what you get. Meaning and interpretation imply hidden messages and mechanisms, depths stacked beneath surfaces; but for postmodern thought, this whole surface/depth model smacks of an old-fashioned metaphysics. It is the same with the self, which is no longer a matter of secret folds and interior depths but is now open to view, a decentred network rather than a mysteriously elusive spirit.

This was not true of the pre-modern way of interpreting the world which we know as allegory. For allegory, things do not carry their meanings on their faces; instead, they must be grasped as signs of some underlying 'text' or latent truth, usually of a moral or religious kind. For St Augustine, to attend to objects in themselves reflects a carnal, fallen mode of existence; instead, we must read them semiotically, as pointing beyond themselves to the divine text which is the universe. Semiotics and salvation go hand in hand. The thought of the modern period breaks with this model in one sense while remaining faithful to it in another. Meaning is no longer a spiritual essence buried beneath the surface of things. But it still needs to be dug out, since the world does not spontaneously disclose it. One name for this excavatory enterprise is science, which on a certain view of it seeks to reveal the invisible laws and mechanisms by which things operate. There are still depths, but what is at work in them now is Nature rather than divinity.

Postmodernism then pushes this secularization one step further. As long as we still have depths, essences, and foundations, it insists, we are still in the awesome presence of the Almighty. We have not really killed and buried God at all. We have simply given him a series of majestic new names, like Nature, Man, Reason, History, Power, Desire, and so on. Rather than dismantling the whole outdated apparatus of metaphysics and theology, we have simply given it a new content. Only by breaking with the whole notion of 'deep' meaning, which will always tempt us to chase the chimera of the Meaning of meanings, can we be free. Not, to be sure, free to be ourselves, for we have also dismantled the metaphysical essence known as the self. Quite who is to be set free by this project, then, remains something of a mystery. It may also be that even postmodernism, with its aversion to absolute foundations, secretly smuggles such an absolute into the argument. It is not, to be sure, God or Reason or History, but it behaves in just such a bottom-line sort of way. Like these other absolutes, it is impossible to delve beneath it. For postmodernism, this is known as Culture.

***

Meaning-of-life queries, when launched on a grand scale, tend to arise at times when taken-for-granted roles, beliefs, and conventions are plunged into crisis. Perhaps it is not accidental that the most distinguished works of tragedy tend to spring up at these moments as well. This is not to deny that the meaning-of-life question may be a permanently valid one. But it is surely not irrelevant to the arguments of Heidegger's *Being and Time* that the book was written in just such a period of historical tumult, appearing as it did in the wake of the First World War. Jean-Paul Sartre's *Being and Nothingness*, which also explores such momentous issues, was published in the midst of the Second World War; while existentialism in general, with its sense of the absurdity of human life, flourished in the decades which followed it. Maybe all men and women ponder the meaning of life; but some, for good historical reasons, are driven to ponder it more urgently than others.

If you are forced to inquire on a large scale into the meaning of existence, it is a fair bet that things have come unstuck. Inquiring into the meaning of one's own existence is a different matter, since one might claim that such self-reflection is integral to the business of living a fulfilled life. Someone who has never asked herself how her life is going, and whether it might go better, would seem peculiarly lacking in self-awareness. In which case, it is likely that there are several areas in which her life is not in fact going as well as it might. The very fact that she does not ask herself how things stand with her life suggests that they do not stand as well as they should. If your life is rolling along wonderfully well, one reason for this is probably that you brood from time to time on whether it needs tinkering with or transforming.

In any case, being aware of the fact that you are doing fine is likely to enhance your sense of well-being; and it seems pointless not to add this agreeable bonus to your general state of contentment. It is not true, in other words, that you're only happy if you don't know it. For this naively Romantic view, self-reflection is always fatally stymieing. It is what one might call the high-wire-act-across-an-abyss theory of life: think about it and you instantly come a cropper. But knowing how things stand with you is a necessary condition for knowing whether to try and change them or to keep them more or less as they are. Knowledge is an aid to happiness rather than its antagonist.

To ask about the meaning of human existence as such, however, suggests that we may have collectively lost our way, however we happen to be faring as individuals. Somewhere around 1870 or 1880 in Britain, certain central Victorian certainties on the question began to unravel; so that, say, Thomas Hardy and Joseph Conrad pose the meaning-of-life question with an urgency impossible to imagine in the case of William Thackeray and Anthony Trollope. Or, before these authors, Jane Austen. Of course artists had raised the question before 1870, but rarely as part of a whole *culture* of questioning. By the early decades of the twentieth century, this culture, with its attendant ontological anxieties, had taken the form of modernism. It is a current which was to produce some of the most eminent literary art the West has ever witnessed. With the challenging of almost every traditional value, belief, and institution, the conditions were now ripe for art to pose the most searching questions about the fate of Western culture as such, and beyond that the destiny of humanity itself. No doubt some dreary-minded vulgar Marxist might discern a relation between this cultural upheaval and the late Victorian economic depression, the outbreak of global imperialist warfare in 1916, the Bolshevik Revolution, the rise of fascism, the *inter bellum* economic slump, the emergence of Stalinism, the outbreak of genocide, and the like. We ourselves prefer to confine our speculations less vulgarly to the life of the mind.

This fertile, turbulent strain of thought had a late backwash, as we have seen, in existentialism; but by the 1950s it was generally on the ebb. It surfaced for a late efflorescence in the countercultures of the 1960s; but by the mid-1970s such spiritual ambitions were on the wane, curtailed in the West by an increasingly harsh, pragmatic political climate. Post-structuralism, and then postmodernism, dismissed all attempts to reflect on human life as a whole as disreputably 'humanist' – or indeed as the kind of 'totalizing' theory which led straight to the death camps of the totalitarian state. There was now no such thing as humanity or human life to be contemplated. There were simply differences, specific cultures, local situations.

One reason why the twentieth century brooded on the meaning of existence more agonizedly than most epochs may be because it held human life so appallingly cheap. It was by far the bloodiest epoch on historical record, with millions of unnecessary deaths. If life is so drastically devalued in practice, one might well expect its meaning to be questioned in theory. But there is a more general issue here as well. It is typical of the modern era that what one might call the symbolic dimension of human life is pushed steadily to the margins. Within this dimension, three areas have traditionally been vital: religion, culture, and sexuality. All three of these areas became less central to public life as the modern age unfolded. In pre-modern societies, they belonged for the most part to the public sphere as well as to the private one. Religion was not just a question of personal conscience and individual salvation; it was also a matter of state power, public rituals, and national ideologies. As a key component of international politics, it shaped the destiny of nations all the way from civil wars to dynastic marriages. There are ominous signs that our own period may be reverting to this situation in certain respects.

As for culture, the artist was less a solitary, alienated figure lounging in some raffish bohemian café than a public functionary with an ordained role in the tribe, clan, or court. If he was not in the pay of the Church, he might be hired by the state or some powerful upper-class patron. Artists were rather less inclined to mull over the meaning of life when they had just received a lucrative commission to compose a Requiem Mass. Besides, the question was largely settled for them by their religious faith. Sexuality, then as now, was a matter of erotic love and personal fulfilment. But it was also locked more deeply into the institutions of kinship, inheritance, class, property, power, and status than it is for most of us today.

This is not to idealize the good old days. Religion, art, and sexuality may have been more central to public affairs than they are today; but they could also act as the obedient handmaidens of political power, and for much the same reasons. Once they were able to get out from under such power, they could enjoy a degree of freedom and autonomy that they had never dreamt of before. Yet the price of this freedom was high. These symbolic activities continued to perform important public roles; but in general they were increasingly relegated to the private sphere, where they were really nobody's business but one's own.

How is this relevant to the meaning-of-life question? The answer is that these were exactly the areas to which men and women had traditionally turned when they inquired about the sense and value of their existence. Love, religious faith, and the preciousness of one's kin and culture: it was hard to find more fundamental reasons for living than these. In fact, a great many people over the centuries have been ready to die, or prepared to kill, in their name. People turned to these values all the more eagerly as the public domain itself became increasingly drained of meaning. Fact and value seemed to have split apart, leaving the former a public affair and the latter a private one.

Capitalist modernity, so it appeared, had landed us with an economic system which was almost purely instrumental. It was a way of life dedicated to power, profit, and the business of material survival, rather than to fostering the values of human sharing and solidarity. The political realm was more a question of management and manipulation than of the communal shaping of a common life. Reason itself had been debased to mere self-interested calculation. As for morality, this, too, had become an increasingly private affair, more relevant to the bedroom than the boardroom. Cultural life had grown more important in one sense, burgeoning into a whole industry or branch of material production. In another sense, however, it had dwindled to the window-dressing of a social order which had exceedingly little time for anything it could not price or measure. Culture was now largely a matter of how to keep people harmlessly distracted when they were not working.

Yet there was an irony here. The more culture, religion, and sexuality were forced to act as substitutes for fading public value, the less they were able to do so. The more meaning was concentrated in the symbolic realm, the more that realm was twisted out of true by the pressures that this exerted on it. As a result, all three areas of symbolic life began to exhibit pathological symptoms. Sexuality grew into an erotic obsession. It was one of the few sources of sensationalism left in a jaded world. Sexual shock and outrage stood in for a missing political militancy. Art became similarly inflated in value. For the aestheticist movement, it was now nothing less than a model of how to live. For some modernists, art represented the last fragile dwelling-place of human value in human civilization – a civilization upon which art itself had disdainfully turned its back. Yet this was true only of the work of art's form. Since its content inevitably reflected the reified world around it, it could provide no lasting source of redemption.

Meanwhile, the more religion loomed up as an alternative to the steady haemorrhaging of public meaning, the more it was driven into various ugly forms of fundamentalism. Or if not that, then

2. A 'New Age' gathering at Stonehenge

into New Ageist claptrap. Spirituality, in short, became either rock-hard or soggy. The meaning-of-life question was now in the hands of the gurus and spiritual masseurs, the technologists of piped contentment, and chiropractors of the psyche. With the correct techniques, you could now be guaranteed to shed the flab of meaninglessness in as little as a month. Celebrities whose minds had been addled by adulation turned to Kabbala and Scientology. They were inspired in this by the banal misconception that spirituality must surely be something outlandish and esoteric, rather than practical and material. After all, it was the material, in the shape of private jets and hordes of minders, that they were trying (mentally, at least) to escape from.

For these types, the spiritual was simply the flip side of the material. It was a domain of manufactured mystery which might compensate for the futility of worldly fame. The woollier it was – the less it resembled the soulless calculations of one's agents and accountants – the more meaningful it seemed to be. If everyday life was deficient in meaning, then it would have to be artificially supplemented with the stuff. It could be laced from time to time with a dash of astrology or necromancy, as one might add vitamin pills to one's daily diet. Studying the secrets of the ancient Egyptians made a pleasant change from the tiresome business of finding yourself yet another fifty-bedroom mansion. Besides, since spirituality was all in the mind, it did not require of you any inconvenient sort of action, such as freeing yourself from the burden of running your mansions by giving away large amounts of money to the homeless.

There is another aspect to the story. If the symbolic realm was split off from the public one, it was also invaded by it. Sexuality was packaged as a profitable commodity in the marketplace, while culture meant for the most part profit-hungry mass media. Art was a matter of money, power, status, cultural capital. Cultures were now exotically packaged and peddled by the tourist industry. Even religion turned itself into a profitable industry, as

3. American TV evangelist Jerry Falwell in full fundamentalist flight

TV evangelists conned the pious and gullible poor out of their hard-earned dollars. We had been landed, then, with the worst of both worlds. The places where meaning had traditionally been in most plentiful supply no longer really impinged much on the public world; yet they had also been aggressively colonized by its commercial forces, and so had become part of the leakage of meaning which they had once sought to resist. The now privatized domain of symbolic life had been hassled into delivering more than it decently could. As a result, it was becoming harder to find meaning even in the private sphere. Fiddling while civilization burnt, or cultivating one's garden while history crumbled around you, no longer appeared to be such feasible options as they had been before.

In our own time, one of the most popular, influential branches of the culture industry is unquestionably sport. If you were to ask what provides some meaning in life nowadays for a great many people, especially men, you could do worse than reply 'Football'. Not many of them, perhaps, would be willing to admit as much; but sport, and in Britain football in particular, stands in for all those noble causes – religious faith, national sovereignty, personal honour, ethnic identity – for which, over the centuries, people have been prepared to go to their deaths. Sport involves tribal loyalties and rivalries, symbolic rituals, fabulous legends, iconic heroes, epic battles, aesthetic beauty, physical fulfilment, intellectual satisfaction, sublime spectaculars, and a profound sense of belonging. It also provides the human solidarity and physical immediacy which television does not. Without these values, a good many lives would no doubt be pretty empty. It is sport, not religion, which is now the opium of the people. Indeed, in the world of Christian and Islamic fundamentalism, religion is less the opium of the people than the crack of the masses.

The sham swamis and phoney sages of our time stand in for various more conventional gods who have failed. Philosophers, for example, seem to have been reduced to no more than white-coated

4. The agony and the ecstasy: a sports fan

technicians of language. It is true that the idea of the philosopher as a guide to the meaning of life is a popular misconception. Even so, one might expect them to do rather more than attempt to dissuade people from leaping out of windows by pointing out that the grammar of 'nothing matters' differs from that of 'nothing chatters'.[8] At the same time, theology had been discredited by creeping secularization, as well as by the crimes and follies of the churches. A positivist sociology and behaviourist psychology, along with a visionless political science, completed the betrayal of the intelligentsia. The more the humanities were harnessed to the needs of the economy, the more they abandoned the business of investigating fundamental questions; so the more the Tarot touts, pyramid pushers, avatars of Atlantis, and detoxicators of the soul rushed to fill their place. The Meaning of Life was now a lucrative industry. Books with titles like *Metaphysics for Merchant Bankers* were eagerly devoured. Men and women who were disenchanted with a world obsessed with making money turned to the purveyors of spiritual truth, who made a lot of money out of purveying it.

Why else should the meaning-of-life question raise its head in the era of modernity? Partly, one suspects, because the problem with modern life is that there is too much meaning as well as too little. Modernity is the epoch in which we come to blows over all the most fundamental moral and political questions. In the modern period, then, there have been a great many rival contenders battling it out in the meaning-of-life arena, each unable to deliver a knock-out blow to the others. This means that any one solution to the problem is bound to appear dubious, since there are so many seductive alternatives to hand. We find ourselves here, then, in something of a vicious circle. Once traditional beliefs begin to crumble in the face of historical crisis, the meaning-of-life question tends to thrust itself to the fore. But the very fact that the

[8] The Oxford philosopher Gilbert Ryle once claimed that he had argued a student out of suicide by explaining to him this distinction.

question is now so prominent provokes a wide range of responses to it; and this bewildering diversity of solutions then serves to diminish the credibility of any one of them. Feeling it important to raise the meaning-of-life question, then, is a sign that it is going to be hard to answer it.

In this situation, it is always possible for some to find the meaning of life, or at least a sizeable chunk of it, in the very diversity of views on the subject. People who feel this way are generally known as liberals, though nowadays some of them are also known as postmodernists. For them, what matters is not so much a definitive answer to the meaning-of-life question as the fact that there are so many exotically varied ways of answering it. In fact, the freedom which this signifies may itself be the most precious meaning we shall ever stumble upon. What some see as hopeless fragmentation, then, others regard as exhilarating liberation.

For most of those in hot pursuit of the meaning of life, what counts above all is the quarry. For liberals and postmodernists, however, what matters is the delightful din of the conversation itself, which in their view is probably as much meaning as we shall ever unearth. The meaning of life consists in the search for the meaning of life. A good many liberals tend to prefer questions to answers, since they regard answers as unduly restrictive. Questions are free-floating, whereas answers are not. The point is to have an inquiring mind, not to snap it shut with some drearily determinate solution. It is true that this approach does not work too well with questions like 'How can we get the food to them before they starve?', or 'Would this be an effective way of preventing racist murders?' But perhaps liberals have higher kinds of questions in mind.

Liberal pluralism, however, has its limits. For some of the answers proposed to the meaning-of-life question are not only in conflict with each other, but are mutually contradictory. You may hold that the meaning of life lies in caring for the vulnerable, whereas I may maintain that it lies in bullying as many sick, defenceless creatures as I can lay my hands on. Though we might both be wrong, we cannot both be right. Even the liberal must be rigorously exclusive here, ruling out any solution (the building of a totalitarian state, for example) which might undermine his or her commitment to freedom and plurality. Freedom must not be allowed to destroy its own foundations, even though radicals would argue that in capitalist conditions it does so every day of the week.

Pluralism has its limits in this sense, too, that if there is such a thing as *the* meaning of life, it cannot be different for each of us. I can say 'The meaning of my life is drinking as much whisky as is compatible with just about being able to crawl'; but I cannot say 'The meaning of life for me is drinking a lot of whisky', unless this is just another way of making the former claim. It would be rather like saying 'The colour of snow for me is turquoise tinged with magenta', or 'The meaning of "skittles" for me is "water lilies"'. Meaning cannot just be whatever I decide. If life does have a meaning, then that is its meaning for you, me, and everyone else, whatever meaning we might think it has or would like it to have. Anyway, it may be that life has a number of meanings. Why should we imagine that it has only one? Just as we can assign it many different meanings, so it may have a variety of innate meanings, if it has innate meanings at all. Perhaps there are several different purposes at work in it, some of them mutually contradictory. Or perhaps life changes its purpose from time to time, just as we do. We should not suppose that the given or innate must always be fixed and singular. What if life does indeed have a purpose, but one completely at odds with our own projects? It may be that life has a meaning, but that the vast majority of men and women who have ever lived have been mistaken about what it is. If religion is false, then this is in fact the case.

Many of the readers of this book, however, are likely to be as sceptical of the phrase 'the meaning of life' as they are of Santa Claus. It seems a quaint sort of notion, at once homespun and

5. Michael Palin as an unctuous Anglican vicar in the Monty Python film, ‘The Meaning of Life’.

portentous, fit for satirical mauling by the Monty Python team.[9] A great many educated people in the West today, at least outside the astonishingly religious United States, believe that life is an accidental evolutionary phenomenon which has no more intrinsic meaning than a fluctuation of the breeze or a rumble in the gut. The fact that it has no given meaning, however, then clears the ground for individual men and women to make what sense of it they may. If our lives have meaning, it is something with which we manage to invest them, not something with which they come ready equipped.

On this theory, we are self-authoring animals, who do not need to have our narratives written for us by an abstraction known as Life. For Nietzsche or Oscar Wilde, we could all (had we but the daring) be supreme artists of ourselves, clay in our own hands, waiting to fashion ourselves into some exquisitely unique shape. The conventional wisdom on this matter, I take it, is that the meaning of life is not prefabricated but constructed; and that each of us can do this in very different ways. No doubt there is a good deal of truth in this case; but because it is also rather bland and boring, I want to put it under pressure in these pages. Some of this book, then, will be devoted to interrogating this view of the meaning of life as a kind of private enterprise, in order to see how far it holds up.

[9] There is another, non-Pythonesque film called *The Meaning of Life*, which I once saw in the Mormon Temple in Salt Lake City. Unfortunately, I have completely forgotten what it claimed the meaning of life to be, partly because of my surprise that it only lasted about four minutes.

Chapter 2
The problem of meaning

'What is the meaning of life?' is one of those rare questions in which almost every word is problematic. This even includes the first one, since for the countless millions of people who are religious believers, the meaning of life is not a what but a Who. A dedicated Nazi might well have agreed with this after his own fashion, finding the meaning of life in the person of Adolf Hitler. The meaning of life may only be revealed to us at the end of time, in the form of a Messiah who seems to be taking his time arriving. Or the universe might be an atom in the thumbnail of some cosmic giant.

The really contentious word, however, is 'meaning'. We tend nowadays to believe that the meaning of a word is its use in a specific form of life; but the word 'meaning' itself has a whole number of such uses. Here are some of them:

Poisson means 'fish'.
Did you mean to strangle him?
Those clouds mean rain.
When she referred to 'a flea-bitten, geriatric donkey', did she mean the one in the paddock over there?
What is the meaning of this disgraceful affair?
I meant you, not her.
Lavender-scented bath soap means a lot to him.

The Ukranians clearly mean business.
This portrait is meant to be priceless.
Lavinia means well, but Julius probably doesn't.
When the deceased asked the waiter for *poison*, could he by any chance have meant *poisson*?
Their encounter seemed almost meant.
His rages don't mean a thing.
Cordelia was meant to return the corkscrew by Sunday lunchtime.

These uses of the word could be said to fall into three categories. One is to do with intending something or having it in mind; in fact, the word 'meaning' is etymologically related to the word 'mind'. Another category concerns the idea of signifying, while the third runs the first two categories together by indicating the act of intending or having it in mind to signify something.

'Did you mean to strangle him?' is clearly an inquiry about your intentions, or what you had in your mind at the time, and so is 'I meant you, not her'. For their encounter to seem somehow 'meant' is for it to appear mysteriously intended, perhaps by destiny. 'Lavinia means well' means that she has good intentions, though they probably don't always get translated into effective action. 'Cordelia was meant to return the corkscrew' means that we had it in mind (or expected) that she would. 'The Ukranians clearly mean business' is a statement about their resolute purposes or intentions. 'This portrait is meant to be priceless' is more or less synonymous with 'It is thought to be priceless', meaning that this is the 'mind' of those in the know. This does not quite pick up the notion of intending. But most of the other examples do.

By contrast, 'Those clouds mean rain', and 'Lavender-scented soap means a lot to him' do not refer to intentions or states of mind. The clouds do not 'intend to signify' rain; they just do signify it. Since lavender-scented soap has no mind of its own, to say that it means a lot to someone is simply to say that it signifies a lot. The same goes for 'What is the meaning of this disgraceful affair?', which is asking about what the affair signifies. Not, notice, what the individuals involved in it are trying to signify, but the significance of the situation itself. 'His rages don't mean a thing' means that they do not signify anything, but not necessarily that he is not trying to signify anything by them. It is not a question of his intentions. The third category, as we have seen, refers not just to intending, or just to signifying, but to the act of intending to signify something. This includes questions like 'What did she mean by a flea-bitten, geriatric donkey?', or 'Did he really mean *poisson*?'

It is important to distinguish between meaning as a given signification and meaning as an act which intends to signify something. Both meanings can be found in a sentence like 'I meant (intended) to ask for *poisson*, but the word I actually came out with signifies poison'. 'What do you mean?' means 'What do you have it in mind to signify?', whereas 'What does the word mean?' asks what signifying value it has within a given linguistic system. These two different senses of 'meaning' are sometimes referred to by students of language as meaning as *act* and meaning as *structure*. As far as the latter case goes, the meaning of a word is a function of a linguistic structure – so that the word 'fish' gets its meaning by the place it has in a system of language, the relations it has with other words within this system, and so on. If, then, life has a meaning, it may be one which we ourselves actively give it, along the lines of investing a set of black marks on a page with some sort of sense; or it may be a meaning which it has anyway despite our own activity, which is rather more parallel to the idea of meaning as structure or function.

Pressed a bit further, however, these two senses of 'meaning' are not so distinct after all. Indeed, you can imagine a kind of chicken-and-egg relation between them. 'Fish' means a scaly aquatic creature, but only because this is the way the word has been used by countless number of English-language speakers. The word itself can be seen as a kind of repository or sedimentation of a whole series of historical acts. Conversely, however, I can only use the word 'fish' to refer to scaly aquatic creatures because this is what the word signifies within the structure of my language.

Words are not just dead husks waiting to have meaning breathed into them by live speakers. What I can mean (in the sense of intend to say) is constrained by the meanings I find ready to hand in the language I speak. I cannot 'mean' a series of words which are entirely senseless, though as we shall see in a moment I can signify something by it. Nor can I intend to say something which lies entirely outside the scope of my language, rather as someone cannot intend to become a brain surgeon if they don't have the concept of brain surgeon in the first place. I cannot just make a word mean what I want it to mean. Even if I conjure up a vivid mental picture of a smoked herring as I pronounce the words 'World Health Organization', the meaning of what I have said is still 'World Health Organization'.

If we think of meaning as the function of a word in a linguistic system, then anyone who has mastered that system can be said to understand the meaning of a word. If someone asks me how I know the meaning of 'the path to perdition', it might be enough to reply that I speak English. But this does not mean that I understand a particular use of the phrase. For it can be used in different circumstances to refer to different things; and to know what it means in *this* sense of the word 'means', I would need to take into account the intended meaning of a particular speaker or speakers in a specific context. I would need, in short, to see how the phrase is being concretely applied; and simply knowing the dictionary meaning of the individual words is not enough here. What a word is referring to or picking out in a particular situation is not always easy to identify. One of the Australian Aboriginal words for 'alcohol' is 'ducking', because Aboriginal people first picked up the word in the context of loyal toasts to 'the king' by their colonial masters.

It would be possible to say of someone: 'I understood his *words*; but I didn't *understand* his words.' I was familiar enough with the significations he was using, but I didn't grasp how he was using them – what he was referring to, what kind of attitude he was implying towards it, what he wanted me to understand by his words, why he wanted me to understand it, and so on. In order to illuminate all this, I would need to put his words back into a specific context; or – what comes to the same thing – I would need to grasp them as part of a narrative. And as far as that goes, being acquainted with the dictionary meaning of the words won't help a great deal. In this latter case, then, we are talking about meaning as an act – as something people do, as a social practice, as the variety of ways, sometimes ambiguous and mutually contradictory, in which they actually deploy a particular sign in a specific form of life.

What light, then, do these different meanings of 'meaning' shed on the question 'What is the meaning of life?' To begin with, 'What is the meaning of life?' is obviously different from 'What is the meaning of "potlatch"?' The first question is asking about the meaning of a phenomenon, while the second is inquiring about the meaning of a word. It is not the word 'life' we find bemusing, but the thing itself. For another thing, we can note that when somebody wails 'My life is meaningless', they do not mean that it makes no sense in the way that **&$£%"* makes no sense. Rather, it is meaningless more in the sense that 'Assuring you most earnestly of our respectful attention at all times, we remain your obliged and devoted servants ...' is meaningless. People who find life meaningless are not complaining that they cannot tell what kind of stuff their body is made out of, or that they do not know whether they are in a black hole or under the ocean. Men and women whose lives lack meaning in that sense of the word are psychotic, not just down-hearted. They mean, rather, that their lives lack *significance*. And to lack significance means to lack point, substance, purpose, quality, value, and direction. Such people mean not that they cannot comprehend life, but that they have nothing to live for. It is not that their existence is unintelligible, merely empty. But to know that they are empty requires a fair amount of interpretation, and thus of meaning. 'My life is meaningless' is an existential statement, not a logical one. Someone whose life feels meaningless is more likely to reach for the suicide pills than for the dictionary.

Shakespeare's Macbeth does not have to commit suicide, since his enemy Macduff despatches him to eternity with a sword thrust; but the Scottish usurper ends up in just that despairing state of mind:

> ... Out, out, brief candle!
> Life's but a walking shadow, a poor player,
> That struts and frets his hour upon the stage,
> And then is heard no more; it is a tale
> Told by an idiot, full of sound and fury,
> Signifying nothing.
>
> Act 5, scene 5

The passage is a lot more puzzling than it looks. Macbeth is really complaining about two aspects of life – its transience and its vacuousness – and one can see the connection between the two. Achievements are hollowed out by the fact that they fade away so quickly. Yet the ephemerality of things is not necessarily tragic: it can be seen simply as part of the way they are, with no inevitably doleful implications. If fine dinners fade away, so do tyrants and toothache. Could a human life which had no limit, stretching all the way to infinity, have a significant shape to it? Isn't death in this sense one of the pre-conditions for life having meaning at all? Or could such a life still be meaningful in senses of the term other than 'having a significant shape'? Anyway, if life really is so transitory, why should the very thought of this impel you to make it even more so ('Out, out, brief candle!')?

6. John Gielgud as a terrified Macbeth

Like a dramatic performance, so the lines suggest, human existence does not persist very long. But the image threatens to undermine the thought behind it, since it is in the nature of a play not to last too long. We do not want to sit in the theatre for ever. Why then should the brevity of life not be equally acceptable? Or, for that matter, even more so, since the brevity of life is natural, as a drama is not? Besides, the fact that an actor makes an exit does not invalidate everything she has done or said on-stage. On the contrary, her exit is part of that meaning. She does not just wander off at random. In this sense, too, the theatre image runs counter to the idea that death undercuts our achievements as well as cutting them off.

It is surely no accident that when Shakespeare has to conjure up a negative vision, he offers us the figure of a ham actor. They were, after all, the men most likely to ruin both his reputation and his bank balance. Like a poor player ('poor' meaning perhaps both 'incompetent' and 'to be pitied'), life is senseless because it is stagey, unreal, stuffed full of portentous rhetoric which is really no more than hot air. An actor does not actually 'mean' what he or she says, and neither does life. But isn't this comparison falsifying? Isn't this the 'intend to say' notion of meaning, which as we have seen is only dubiously applicable to life in the first place?

And what of 'a tale told by an idiot'? In one sense, this is rather consoling. Life may be fatuous, but at least it constitutes a tale, which implies some sort of rudimentary structure. It may be garbled, but there is a narrator behind it, even if an imbecilic one. In a BBC television production of the play some years ago, the actor playing Macbeth delivered these final lines not in a broken mumble but in a raging outburst of resentment, bawling them in fury to an overhead camera which was clearly meant to stand in for the Almighty. It was God who was the idiot narrator. As with the Schopenhaurian vision of the world we shall be examining in a moment, there was indeed an author to this monstrous farce, but this did not mean that it added up. On the contrary, it simply lent a sick twist of irony to its absurdity. There is, however, an ambiguity here: is the tale inherently nonsensical, or is it nonsensical because it is recounted by an idiot? Or is it both? The image might imply, perhaps without quite wishing to do so, that life is the kind of thing that *could* make sense, just as the word 'tale' might also be taken to suggest this. How can something literally signify nothing and still be a story?

Like a bombastic speech, life appears to be meaningful but is actually vapid. As with a bungling actor, it pretends to meaning but falls short of it. A swell of signifiers ('full of sound and fury') conceals an absence of signifieds ('signifying nothing'). Like a piece of shoddy rhetoric, life is a matter of flamboyantly filling in the void which is itself. It is deceitful as well as null. So it is bitter disenchantment which is at stake here, as the false king's political ambitions turn to ashes in his mouth. Yet the imagery, once again, is partly deceptive. Actors, after all, are as real as anyone else. They genuinely do create fictions, and the stage on which they do so is equally solid. (The metaphor, perhaps contrary to its own intentions, implies that the world (or stage) is unreal as well as the actor, whereas you could always claim that human life is a sham but that its material environs are not.) Actors who are 'heard no more' are in the wings, not in the graveyard.

At least two notions of meaninglessness are at work in the passage. One of them is existential: human existence is a void or empty farce. There are meanings in plenty, but they are specious. The other notion we might call semantic, implying as it does that life is senseless in the way that a piece of gibberish is. This is the tale told by an idiot, signifying nothing. Life is unintelligible as well as inane. Strictly speaking, though, you cannot run both meanings in tandem. For if existence really were unintelligible, it would be impossible to pass moral judgements on it, such as the judgement that it is empty of significance. It would be like dismissing as nonsense a word from a foreign language which we could not even translate.

If the meaning-of-life question is not like trying to make sense of a piece of nonsense, neither is it the same as 'What is the meaning of *Nacht* in English?' It is not as though we are asking for the equivalent in one system of a term in another system, as we are when we ask for a translation of this kind. In *The Hitchhiker's Guide to the Galaxy*, Douglas Adams writes famously of a computer called Deep Thought which is asked to work out the ultimate answer to the universe, takes seven and a half million years to do so, and finally comes up with the answer 42. Another, larger computer then has to be built, to figure out what the actual question was. One is reminded of the American poet Gertrude Stein, who was rumoured on her deathbed to have asked over and over again 'What is the answer?', before finally murmuring 'But what is the question?' A question about a question posed while hovering on the brink of nothingness seems a suitable symbol of the modern condition.

What is amusing about Deep Thought's '42' is not just the bathos of it, a notion we shall be looking at a bit later. It is also the absurdity of supposing that '42' could even count as an answer to the question, which would be like imagining that 'Two packets of plain crisps and a pickled egg' could count as an answer to 'When is the sun likely to pack up?' We are dealing here with what philosophers call a category mistake, like asking how many emotions it takes to stop a truck, which is one reason why it is funny. Another reason why it is funny is that we are given an unequivocal solution to a question which many people have yearned to have answered, yet it is a solution with which we can do absolutely nothing. '42' simply does not mesh with anything. It is not a response we can find a use for. It sounds like a precise, authoritative solution to a problem, but it is really just like saying 'Broccoli'.

Another comic aspect of the answer is that it treats the question 'What is the meaning of life?' as though it were the same kind of question as 'What is the meaning of *Nacht*?' Just as a relationship of equivalence holds between the German *Nacht* and English 'night', so Adams's comic fantasy suggests that life can be translated into another signifying system (this time a numerical rather than verbal one), with the result that you come up with a number which signifies the meaning of life. Or it is as though life is a kind of riddle, conundrum, or cryptogram which can be deciphered like a crossword clue to produce this snappy answer. Lurking behind the joke is the idea of life as a problem in the sense of a mathematical problem, which has a solution in the way that such problems do. It runs together for comic effect two different senses of the word 'problem': a crossword or mathematical puzzle and a problematic phenomenon such as human existence. It is as though life could be decoded in a *Eureka*-type moment, allowing a single momentous word – Power, Guinness, Love, Sex, Chocolate – to flash for an enthralling moment across our consciousness.

Could the word 'meaning' in the phrase 'the meaning of life' have something like the sense it does in the 'what someone intends to signify' category? Surely not, unless (for example) you believe that life is the utterance of God, a sign or discourse in which he is trying to communicate something significant to us. The great Irish philosopher Bishop Berkeley believed just this. In that case, the meaning of life refers to an *act* of meaning – to whatever significance it is that God (or the Life Force, or the *Zeitgeist*) intends to convey by it. But what if one believes in none of these august entities? Does this mean that life must be meaningless?

Not necessarily. Marxists, for instance, are usually atheists, but they believe that human life, or what they would prefer to call 'history', has a meaning in the sense of displaying a significant pattern. Those championing the so-called Whig theory of history, which reads the human narrative as the steady unfolding of freedom and enlightenment, also see human life as forming a significant pattern, though not one that any Supreme Being smuggled into it. It is true that these grand narratives are nowadays out of fashion; but they make the point, even so, that it is possible to believe in the meaningfulness of life without claiming that this meaning has been ascribed to it by an intending subject. Meaning in the sense of significant pattern is not, to be sure, the same sense of the word 'meaning' as the act of intending to say something, or meaning in the sense that a red light signifies 'stop'. Yet it is surely one thing we occasionally mean by 'meaning'. If there were no significant patterns in human life, even though no single individual intends them, whole areas of the humanities such as sociology and anthropology would grind to a halt. A demographer may remark that the distribution of population in a certain region 'makes sense', even though nobody living in that region may actually be aware of this pattern.

It is possible, then, to believe that there is a significant narrative embedded in reality, even though it has no superhuman source. The novelist George Eliot, for example, was not a religious believer; but a novel like *Middlemarch*, like many a realist work of literature, assumes that there is a meaningful design inherent in history itself. The task of the classical realist writer is less to invent a fable than to flesh out the hidden logic of a story which is immanent in reality. Contrast this, then, with a modernist author like Joyce, for whom a pattern has to be projected into the universe rather than excavated from it. Joyce's novel *Ulysses* is intricately organized all the way through by the Greek myth referred to in its title; but part of the joke is that any other myth would probably have served just as well to smuggle a semblance of order into a contingent, chaotic world.

In this rather loose sense of 'meaningful' as 'revealing a significant design', we can speak of the meaning of something without assuming that this meaning has an author; and this is a point worth noting when it comes to the meaning of life. The cosmos may not have been consciously designed, and is almost certainly not struggling to say anything, but it is not just chaotic either. On the contrary, its underlying laws reveal a beauty, symmetry, and economy which are capable of moving scientists to tears. The idea that the world is either given meaning by God, or is utterly random and absurd, is a false antithesis. Even those who do happen to believe that God is the ultimate meaning of life do not have to hold that without this divine bedrock there would be no coherent meaning at all.

Religious fundamentalism is the neurotic anxiety that without a Meaning of meanings, there is no meaning at all. It is simply the flip side of nihilism. Underlying this assumption is the house-of-cards view of life: flick away the one at the bottom, and the whole fragile structure comes fluttering down. Someone who thinks this way is simply the prisoner of a metaphor. In fact, a great many believers reject this view. No sensitive, intelligent religious believer imagines that non-believers are bound to be mired in total absurdity. Nor are they bound to believe that because there is a God, the meaning of life becomes luminously clear. On the contrary, some of those with religious faith believe that God's presence makes the world more mysteriously unfathomable, not less. If he does have a purpose, it is remarkably impenetrable. God is not in that sense the answer to a problem. He tends to thicken things rather than render them self-evident.

The philosopher Immanuel Kant, in considering both natural organisms and works of art, wrote of them in his *Critique of Judgement* as displaying what he called 'purposiveness without purpose'. The human body does not have a purpose; yet one can speak of its various parts as having a 'meaning' in terms of their place within the whole. And these are not significances which we ourselves decide on. Nobody designed the human foot, and it would no doubt be an abuse of language to speak of its 'purpose' as being to help us kick, walk, and run. But the foot has a function within the whole organism of the body, so that it would make sense for someone ignorant of human anatomy to ask about its significance. Just as one thing we mean by 'meaning' is the function of a word within a system, so we can say with only a modest straining of language that the foot is meaningful within the body as a whole. It is not just a random flap or hinge on the end of your leg.

To take another example: it would not be all that eccentric to ask 'What is the meaning of that noise?' as you hear the wind gusting eerily through the trees. The wind is not trying to express anything, to be sure; but its sound 'signifies' even so. To satisfy the speaker's curiosity or allay his alarm, we recount a little narrative about air pressure, acoustics, and so on. Once again, this is not a significance which we ourselves get to decide on. It would even be possible to say of a random pattern of pebbles that they mean something – that they accidentally spell out, say, the phrase 'All Power to the Soviets', even though nobody put them there with this purpose.[10]

Something which comes about accidentally, as life seems to have done, can still exhibit a design. 'Accidental' does not mean 'unintelligible'. Car accidents are not unintelligible. They are not freakish events entirely without rhyme or reason, but the consequence of specific causes. It is just that this consequence was not intended by those involved. A process may seem accidental at the time but fall into a significant pattern retrospectively. This is more or less how Hegel viewed the history of the world. It may seem pretty meaningless while we are living it, but for Hegel it all makes perfect sense when, so to speak, the *Zeitgeist* looks back over its shoulder and casts an admiring eye upon what it has created. In Hegel's eyes, even the blunders and blind alleyways of history contribute in the end to this grand design. The opposite view is the one implicit in the old joke 'My life is full of fascinating characters, but I don't seem to be able to work out the plot'. It seems meaningful from one moment to the next, but it doesn't appear to stack up.

[10] A claim denied by the philosopher Roger Scruton in his *Modern Philosophy* (London, 1994), 251. The phrase Scruton himself uses is not 'All Power to the Soviets' but 'God is dead' – an unconsciously significant choice, given that the Nietzschean proclamation of the death of God or ultimate donor of meaning is thought to unleash interpretative anarchy on the world. My own example is no doubt just as revealing.

How else can we think about unintended meanings? An artist might paint the word 'pig' on her canvas not to communicate the concept 'pig' – not to 'mean' it, but simply because she is entranced by the shape of the word. Yet the shape would mean 'pig' all the same. The opposite of this would be a writer who inserted great wads of gobbledygook into his work. If this had an artistic purpose, we might say that the words had meaning in the sense of having significance, even if they are literally senseless. They might signify, for instance, a Dadaist assault on the suburban illusion of the stability of meaning. The author would 'intend' something by this act, even if what he 'meant to say' could only be conveyed by words which made no sense within his language system.

We speak of the complex network of meanings of a Shakespeare play without always supposing that Shakespeare was holding these meanings in his head at the exact moment of writing the words down. How could any poet of such prodigal imaginative fertility keep in mind all the possible connotations of his meanings? To say 'This is a possible meaning of the work' is sometimes to say that this is what the work can be plausibly interpreted to mean. What the author actually 'had in mind' may be completely beyond recovery, even for himself. Many writers have had the experience of being shown patterns of meaning in their work which they did not mean to put there. And what of unconscious meanings, which are by definition not deliberately intended? 'I really do think with my pen', Wittgenstein observes, 'because my head often knows nothing about what my hand is writing.'[11]

***

Just as it is possible to believe that something – even 'life' – may have a significant design or direction which nobody intended, so you can believe that human existence is meaningless and chaotic, but that this was actually intended. It may be the product of

[11] Ludwig Wittgenstein, *Culture and Value* (Chicago, 1984), 17e.

a malevolent Fate or Will. This, roughly speaking, is the view of the German philosopher Arthur Schopenhauer, a thinker so unremittingly gloomy that his work, quite unintentionally, represents one of the great comic masterpieces of Western thought. (There is even something comic about his name, combining as it does the noble, mouth-filling 'Schopenhauer' with the rather more commonplace 'Arthur'.) In Schopenhauer's view, the whole of reality (and not just human life) is the passing product of what he terms the Will. The Will, which is a voracious, implacable force, has a kind of intentionality about it; but if it generates everything there is, it is for no more reputable reason than to keep itself in business. By reproducing reality, the Will serves to reproduce itself, though to absolutely no purpose. So there is indeed an essence or central dynamic to life; but it is a horrific rather than an exalted truth, one which gives birth to havoc, chaos, and perpetual misery. Not all grand narratives are starry-eyed ones.

Because the Will is purely self-determining, it has its end entirely in itself, like a malevolent caricature of the Almighty. And this means that it simply uses us and the rest of Creation for its own inscrutable purposes. We may believe that our lives have value and meaning; but the truth is that we exist simply as the helpless instruments of the Will's blind, futile self-reproduction. In order to achieve this, however, the Will must fool us into supposing that our lives indeed have meaning; and it does so by evolving in us a clumsy mechanism of self-deception known as consciousness, which permits us the illusion of having ends and values of our own. It dupes us into believing that its own appetites are ours too. In this sense, all consciousness in Schopenhauer's eyes is false consciousness. Just as it was once said of language that it exists so that we can conceal our thoughts from others, so consciousness exists to conceal from us the utter futility of our existence. Otherwise, confronted with the panorama of carnage and sterility known as human history, we would surely do away with ourselves. Even suicide, however, represents a cunning triumph of the Will,

7. Arthur Schopenhauer, as grim as his vision of life

whose own immortality is dramatically demonstrated by contrast with the mortality of its human puppets.

Schopenhauer, then, belongs to a lineage of thinkers for whom false consciousness, far from being a mist to be dispelled by the clear light of reason, is absolutely integral to our existence.

Nietzsche, whose early writings were influenced by Schopenhauer, was another such thinker. 'Truth is ugly', he writes in *The Will to Power*. 'We possess art lest we perish of the truth.'[12] Sigmund Freud was yet another who was profoundly shaped by his pessimistic compatriot. What Schopenhauer names the Will, Freud re-baptizes as Desire. For Freud, fantasy, misperception, and a repression of the Real are constitutive of the self, not accidental to it. Without such saving oblivion, we would never get by. What, then, if there was indeed a meaning to life, but that it was preferable for us not to know it? We tend to assume that discovering the meaning of life would naturally be a worthwhile thing to do, but what if this is a mistake? What if the Real was a monstrosity that would turn us to stone?

We can always ask, after all, why someone should *want* to know the meaning of life. Are they sure that it will help them to live better? After all, men and women have lived superlative lives without apparently being in possession of this secret. Or perhaps they were in possession of the secret of life all along without knowing it. Maybe the meaning of life is something I am doing right now, as simple as breathing, without the faintest awareness of it. What if it is elusive not because it is concealed, but because it is too close to the eyeball to have a clear view of? Perhaps the meaning of life is not some goal to be pursued, or some chunk of truth to be dredged up, but something which is articulated in the act of living itself, or perhaps in a certain way of living. The meaning of a narrative, after all, is not just the 'end' of it, in either sense of the word, but the process of narration itself.

Wittgenstein puts the point well. 'If anyone should think he has solved the problem of life', he writes, 'and feel like telling himself that everything is quite easy now, he can see that he is wrong just by recalling that there was a time when this "solution" had not

[12] Friedrich Nietzsche, *The Will to Power* (New York, 1975), 435.

been discovered; but it must have been possible to live *then* too and the solution which has now been discovered seems fortuitous in relation to how things were then.'[13] Behind this sentiment lurks Wittgenstein's conviction that the meaning of life, if there is such a thing, is neither a secret nor a 'solution', ideas which we shall be investigating later. Meanwhile, we can ask once again: what if the meaning of life were something that we should at all costs *not* discover?

This is not the kind of thought which would readily have occurred to the thinkers of the Enlightenment, for whom error was to be courageously combated by truth. As the eighteenth century turns into the nineteenth, however, the notion of the redemptive lie or salutary fiction swims gradually into view. Perhaps human beings would simply perish of the truth, withering beneath its remorseless glare. Maybe fictions and myths are not just errors to be dispelled, but productive illusions which allow us to thrive. Life may be no more than a biological accident, and not even an accident that was waiting to happen; but it has developed in us a random phenomenon known as the mind, which we can use to shield ourselves from the frightful knowledge of our own contingency.

It is as though a homeopathic Nature has kindly furnished us with the cure along with the poison, and both are known as consciousness. We can turn our minds to bleak speculations on the way that Nature seems so indifferent to individual lives in its ruthless concern for the species as a whole. Or we can divert our thoughts to the business of building life-giving mythologies – religion, humanism, and the like – which might assign us some status and significance in this inhospitable universe. Such mythologies may not be true from a scientific viewpoint. But perhaps we have made too much of a fuss of scientific truth, assuming that it is the only brand of truth around.

[13] Wittgenstein, *Culture and Value*, 4e.

Like the humanities in general, such myths can be said to contain their own kind of truth, one which lies more in the consequences they produce than in the propositions they advance. If they allow us to act with a sense of value and purpose, then perhaps they are true enough to be going on with.

By the time we arrive at the work of the twentieth-century Marxist theorist Louis Althusser, this way of thinking has even infiltrated Marxism, with its stern opposition to the false consciousness of ideology. What if ideology, after all, were vitally necessary? What if we need it to persuade ourselves that we are political agents capable of acting autonomously? Marxist theory may be aware that the individual has no great degree of unity or autonomy, or even of reality; but individuals themselves must come to trust that they have, if they are to act effectively. For Althusser, it is the task of socialist ideology to secure this saving illusion. For Freud, much the same is true of the ego, which is actually no more than an offshoot of the unconscious, but which is so organized as to regard the whole world as centred on itself. The ego treats itself as a coherent, independent entity, which psychoanalysis knows to be an illusion; but it is a salutary illusion all the same, without which we would be unable to operate.

It seems, then, that far from speaking of the meaning of life, we might be faced with a choice between meaning and life. What if the truth were destructive of human existence? What if it were an annihilating Dionysian force, as the early Nietzsche considered; a rapacious Will, as in Schopenhauer's sombre speculations; or a devouring, ruthlessly impersonal desire, as for Freud? For the psychoanalytical thinker Jacques Lacan, the human subject can either 'mean' or 'be', but it cannot do both together. Once we enter into language, and thus into our humanity, what one might call the 'truth of the subject', its being-as-such, is divided up into an unending chain of partial meanings. We attain meaning only at the price of a loss of being.

It is with the novelist Joseph Conrad, who felt the influence of both Nietzsche and Schopenhauer, that this vein of thought first entered English writing on a grand scale. As a full-blooded philosophical sceptic, Conrad did not believe that our concepts, values, and ideals have any foundation in a world which is as meaningless as the waves. Even so, there are pressing moral and political reasons why we should behave *as if* they were firmly grounded. If we do not, social anarchy might well be one unwelcome consequence. There is even a sense in which what we believe is less important than the sheer fact of our faith. This brand of formalism then passes on into existentialism, for which it is the fact of being committed, rather than the exact content of our commitments, which is the key to an authentic existence.

The playwright Arthur Miller's protagonists are a case in point. Characters like Willy Loman in *Death of a Salesman*, or Eddie Carbone in *A View from the Bridge*, are committed to a version of their own identities, and of the world around them, which from an objective viewpoint is false. Willy, for example, believes that what counts in life is to be socially respected and economically successful. Yet what matters with these self-blinded figures, as with some of Ibsen's tragic protagonists, is the intensity with which they invest in this commitment. It is the heroic tenacity with which they stay true to their twisted images of themselves that counts in the end, even though it leads them to delusion and death. To live with faith – any old faith, perhaps – is to infuse one's life with significance. On this view, the meaning of life is a question of the style in which you live it, not of its actual content.

It is self-evident to Schopenhauer that only an idiot could imagine that life was worth living. For him, the most fitting emblem of the human enterprise is the shovel-pawed mole:

> To dig strenuously with its enormous shovel-paws is the business of its whole life; permanent night surrounds it ... what does it attain by this course of life that is full of trouble and devoid of

> pleasure? Nourishment and procreation, that is, only the means for continuing and beginning again in the new individual the same melancholy course.[14]

The whole human project is clearly a ghastly mistake which should have been called off long ago. Only the obtusely self-deluded, confronted with the charnel house of history, could imagine otherwise. The human narrative has been one of such unrelieved wretchedness that only those conned by the low cunning of the Will could consider it worth having been born.

There is something ridiculous in Schopenhauer's eyes about this pompously self-important race of creatures, each of them convinced of his own supreme value, pursuing some edifying end which will instantly turn to ashes in his mouth. There is no grandiose goal to this meaningless sound and fury, only 'momentary gratification, fleeting pleasure conditioned by wants, much and long suffering, constant struggle, *bellum omnium*, everything a hunter and everything hunted, pressure, want, need and anxiety, shrieking and howling; and this goes on in *saecula saeculorum* or until once again the crust of the planet breaks'.[15] As far as Schopenhauer can tell, 'no-one has the remotest idea why the whole tragic-comedy exists, for it has no spectators, and the actors themselves undergo endless worry with little and merely negative enjoyment'.[16] The world is simply a futile craving, a grotesquely bad drama, an immense marketplace or Darwinian amphitheatre in which life-forms seek to crush the breath out of each other.

There is, of course, always the company of others; but for Schopenhauer it is sheer boredom which drives us to seek it out. As far as the Will is concerned, there is no notable distinction

[14] Arthur Schopenhauer, *The World as Will and Representation* (New York, 1969), ii. 353–4.

[15] Ibid. 354. [16] Ibid. 357.

between humans and polyps, both alike being instruments of its blankly indifferent dynamic. At the very core of human beings stirs a power – the Will – which is the very stuff of their inner being, yet which is as unfeeling and anonymous as the force which stirs the waves. Subjectivity is what we can least call our own. We bear inside us an inert weight of meaninglessness, as if permanently pregnant with monsters; and this, which is the action of the Will within us, constitutes the very core of our selfhood. Everything is fraught with appetite: human beings are simply walking incarnations of their parents' copulatory instincts, and the whole of this fruitless desiring is founded in lack. 'All *willing*', Schopenhauer writes, 'springs from lack, from deficiency, and thus from suffering.'[17] Desiring is eternal, whereas fulfilment is scanty and sporadic. There can be no end to the fatal infection we know as desire as long as the self endures. Only the selflessness of aesthetic contemplation, along with a kind of Buddhist self-abnegation, can purge us of the astigmatism of wanting, and allow us to see the world for what it is.

There is, needless to say, another story to tell. Yet if Schopenhauer is still well worth reading, it is not only because he confronts the possibility, more candidly and brutally than almost any other philosopher, that human existence may be pointless in the most squalid and farcical of ways. It is also because much of what he has to say is surely true. On the whole, human history has indeed been more a tale of scarcity, misery, and exploitation than it has been a fable of civility and enlightenment. Those who assume that there must indeed be a meaning to life, and an uplifting one at that, have to confront the cheerless challenge of a Schopenhauer. His work forces them to struggle hard to make their vision seem anything more than anodyne consolation.

[17] Ibid. i. 196.

Chapter 3
The eclipse of meaning

Consider this brief exchange in Anton Chekhov's play *Three Sisters*:

> MASHA: Isn't there some meaning?
> TOOZENBACH: Meaning? ... Look out there, it's snowing. What's the meaning of that?

The snow is not a statement or a symbol. It is not, as far as we can tell, an allegory of the fact that the heavens are grieving. It is not trying to say anything, in the way that Philip Larkin imagines spring to be doing:

> The trees are coming into leaf
> Like something almost being said ...
>
> 'The Trees'

Yet to say 'Look out there, it's snowing' already involves quite a few meanings. The snow is 'meaningful' in the sense of being part of an intelligible world, one organized and opened up by our language. It is not just some kind of freakish enigma. It would not be all that odd for someone who had never seen snow before to ask 'What is the meaning of that?' And though the snow is not a symbol of anything, it might well be seen as a signifier. It signifies, perhaps, that winter is coming on. As such, it belongs to a meteorological system powered by laws we can comprehend. This kind of meaning, we may note, is 'inherent' rather than 'ascribed': snow means that winter is coming on whatever we may happen to think it means. The fact that it is snowing can also be *used* as a signifier: in fact, Toozenbach is doing just this, pointing to the snow (ironically enough) as a sign of meaninglessness. Or someone might exclaim 'Look at the snow – winter's coming on! We'd better get started for Moscow', which makes the snow a signifier within a human project, the basis of a message between individuals. In all these senses, snowing is not just snowing.

Perhaps Toozenbach is trying to suggest that the world is absurd. But 'absurdity' is a meaning, too. To cry 'But that's absurd!' evokes some possibility of coherent sense-making. Absurdity makes sense only in contrast to such sense-making, rather as doubting makes sense only against a background of certainty. To someone who claims that life is meaningless, we can always retort: '*What* is it that is meaningless?'; and his response to that has to be couched in terms of meanings. People who ask after the meaning of life are usually asking what all its various situations add up to; and since to identify a situation itself involves meaning, they cannot be lamenting that there is no meaning at all. Just as it is an empty gesture to doubt everything, so it is hard to see how life could be absurd all the way through. It might be pointless all the way through, in the sense of lacking a given end or purpose; but it cannot be absurd in the sense of being nonsensical unless there is some logic by which we can measure this fact.

Perhaps, however, life seems absurd in contrast to a meaning which it used to have, or which you believe it used to have. One reason why modernists like Chekhov are so preoccupied with the possibility of meaninglessness is that modernism is old enough to remember a time when there was still meaning in plenty, or at least so the rumour has it. Meaning was around recently enough for Chekhov, Conrad, Kafka, Beckett, and their colleagues to feel stunned and dispirited by its draining away. The typical modernist work of art is still haunted by the memory of an orderly universe, and so is nostalgic enough to feel the eclipse of meaning as an anguish, a scandal, an intolerable deprivation. This is why such works so often turn around a central absence, some cryptic gap or silence which marks the spot through which sense-making has leaked away. One thinks of Chekhov's Moscow in *Three Sisters*, Conrad's African heart of darkness, Virginia Woolf's blankly enigmatic lighthouse, E. M. Forster's empty Marabar caves, T. S. Eliot's still point of the turning world, the non-encounter at the heart of Joyce's *Ulysses*, Beckett's Godot, or the nameless crime of Kafka's Joseph K. In this tension between the persisting need for meaning and the gnawing sense of its elusiveness, modernism can be genuinely tragic.

Postmodernism, by contrast, is not really old enough to recall a time when there was truth, meaning, and reality, and treats such fond delusions with the brusque impatience of youth. There is no point in pining for depths that never existed. The fact that they seem to have vanished does not mean that life is superficial, since you can only have surfaces if you have depths to contrast with them. The Meaning of meanings is not a firm foundation but an oppressive illusion. To live without the need for such guarantees is to be free. You can argue that there were indeed once grand narratives (Marxism, for example) which corresponded to something real, but that we are well rid of them; or you can insist that these narratives were nothing but a chimera all along, so that there was never anything to be lost. Either the world is no longer story-shaped, or it never was in the first place.

Callow though much postmodernist thought is on this question, there is one point on which it is surely suggestive. The nausea of a Jean-Paul Sartre or the tragic defiance of an Albert Camus, when confronted with a supposedly meaningless world, is really part of the problem to which it is a response. You are only likely to feel that the world is sickeningly pointless, as opposed to just plain old pointless, if you had inflated expectations of it in the first place. Camus and Sartre are, so to speak, old enough to recall a time when the world seemed meaningful; but if they believe that this was an illusion even then, what exactly has been lost by its disappearance? Life may not have a built-in purpose, but that is not to say that it is futile. The nihilist is just a disillusioned metaphysician. *Angst* is just the flip side of faith. It is the same with renegade Roman Catholics, who tend to become card-carrying atheists rather than High-Church Anglicans. It is only because you falsely imagined that the world could be somehow inherently meaningful – an idea that postmodernism finds senseless – that you are so devastated to find that it is not.

It is possible to see the work of Samuel Beckett as stranded somewhere between modernist and postmodernist cases. In his sense of the extreme elusiveness of meaning (his favourite word, he once remarked, was 'perhaps'), Beckett is classically modernist. His writing is woven through from end to end with a sense of its own provisionality, ironically aware that it might just as well never have existed. This is why it seems only *just* to exist – to hover precariously on the edge of articulation, before lapsing listlessly away into some wordless darkness. It is as thin as is compatible with being barely perceptible. Meaning flares and fades, erasing itself almost as soon as it emerges. One pointless narrative cranks itself laboriously off the ground, only to be aborted in mid-stream for another, equally futile one. There is not even enough meaning to be able to give a name to what is awry with us.

Everything in this post-Auschwitz world is ambiguous and indeterminate. Every proposition is a tentative hypothesis. It is hard to be sure whether anything is happening or not, for what in this world would count as an event? Is waiting for Godot an occurrence, or the suspension of one? The act of waiting is a kind of nothing, a perpetual deferment of meaning, an anticipation of the future which is also a way of life in the present. This suggests that to live is to defer, to put off a final meaning; and though the act of postponing it makes life hard to bear, it may also be

8. Vladimir and Estragon from Samuel Beckett's play *Waiting for Godot*

what keeps it in motion. How in any case, in a world where sense-making is so frail and fragmentary, would you recognize such a resplendent meaning? Perhaps Vladimir and Estragon in *Waiting for Godot* have already failed to recognize it; maybe Pozzo is in fact Godot (they might have misheard the name) and they do not realize it. Or maybe this whole agonized, farcical freezing of time *is* Godot's coming, as for the philosopher Walter Benjamin the very emptiness of history points by a kind of negation to the imminent arrival of the Messiah. Perhaps Godot's arrival will be a salutary disenchantment, revealing that there was no need for it in the first place – that there was never one big thing that was crying out for redemption, but that this belief is itself part of our false consciousness. This might be akin to Walter Benjamin's vision of a Messiah who will indeed transform the world, but who will do so by making minor adjustments.

If the world is indeterminate, then despair is not possible. An ambiguous reality must surely leave room for hope. Perhaps this is one reason why the tramps (though who says they are tramps?) do not kill themselves. There is no death in Beckett, just an unending process of degeneration – of limbs stiffening up, skin flaking off, eyeballs blurring, and hearing thickening, a decay which seems likely to go on for all eternity. Godot's absence seems to have plunged life into radical indeterminacy, but that means that there is no assurance that he will not come. If everything is indeterminate, then this must be true of our knowledge of it as well, in which case we cannot rule out the possibility that there is a secret plot to it all. Even bleakness cannot be absolute in a world without absolutes. It appears that there can be no salvation in this sort of world, even though it strikes us as the kind of place where the idea of redemption might still make sense; but then there may be no absolute need for it either. Anyway, who is to say that, viewed from some other perspective altogether, this landscape of freaks, cripples, and hairless spheres of flesh is not teetering on the brink of transformation?

It seems, to say the least, highly unlikely. Yet the fact that nothing in Beckett is definitive, that every broken signifier shuttles us on to the next, can be seen not only as an allegory of desire, but as an allegory of meaning. Meaning is also an endlessly unfinished process, a shuffling from one sign to another without fear or hope of closure. We can be sure of one thing at least about any piece of meaning, that there's always more where that came from. There could not logically be a final meaning, one which brought interpretation to a halt, since it would need to be interpreted. And since signs have meaning only in relation to other signs, there could no more be one big final sign than there could be one number, or one person.

In Beckett's world, the fact that there is always more meaning where that came from generally means more suffering. Yet this withdrawal of ultimate meaning is also enabling, since it creates the space in which we can momentarily survive. It is true that to survive and flourish requires more guarantees than are available in Beckett's depleted universe; but guarantees which are too robust tend to stunt our flourishing as well. 'Perhaps' is among other things Beckett's response to the Fascist absolutism against which, as a member of the French Resistance, he fought so courageously. If it is true that we need a degree of certainty to get by, it is also true that too much of the stuff can be lethal. In the meantime, something apparently unkillable keeps taking its course, with all the humdrum, anonymous, implacable quality of a process of digestion.

The evaporation of stable meaning is one reason why it is hard to describe Beckett's work as tragic, since it seems too indeterminate for that. Another reason is its resolute banality, its satirical Irish debunking and deflating. It is a strain of anti-Literature, one which subverts the heady rhetoric of achievement. These are writings which preserve a secret compact with failure, with the fatiguing, unglamorous business of staying biologically afloat. Beckett's scooped-out, amnesiac human figures are not even up to the dignity of being tragic protagonists, which would at least be a stable signification of sorts. They are not even well-organized enough to hang themselves. We are in the presence of low farce or black carnivalesque rather than high drama. As with the Second World War, extremity is simply the order of the day. It seems that we cannot even call our suffering our own, since the human subject has imploded along with the history to which it belongs. To assign a memory or experience to this human subject rather than that one requires a degree of assurance which is no longer easy to come by.

Very little in Beckett's writing is stable or self-identical; and the puzzle is then how things can be at once so inconstant and so persistently painful. Yet the paradox of his work is that it retains its nostalgia for truth and meaning, even though there is a meaning-shaped hole at its centre. The other face of the elusiveness and ambiguity is Beckett's monkish devotion to precision, his Irish scholasticism of mind. What seems eccentric about his writing is its pedantic way with mere wisps and scraps of meaning, its meticulous sculpting of sheer vacancy, its crazedly clear-headed attempt to eff the ineffable. His art takes a set of postulates, and in quasi-structuralist manner lets them run through their various mechanical permutations, until the process is exhausted and another, equally meaningless set of permutations takes over. Complete dramas are conjured out of reshuffled arrangements of the same few scraps and leavings. Beckett's world may be mystifying, but his approach to it is one of cold-eyed demystification. His language pares austerely away at the inessential, shrinking and hacking to the bone. It betrays a Protestant animus against the superfluous and ornamental. Sparseness is perhaps the closest one can come to the truth. The reader is packed off poorer but more honest. What strikes us is the extreme scrupulousness with which his work weaves the wind, the rigorous logic with which it trades in hints and absurdities. Beckett's materials may be raw and random, but his treatment of them is ironically stylized, with a balletic elegance and economy of gesture. It is as though the whole formal apparatus of truth, logic, and reason remains intact, even though its contents have leaked away.

The other side of Beckett's work, however, is a kind of postmodern positivism, for which things are not endlessly elusive but brutely themselves. As his Parisian contemporary Jean-Paul Sartre writes in *Being and Nothingness*: 'Uncreated, without reason for being, without any connection with another being, being-in-itself is superfluous for all eternity.'[18] This reflects the side of Beckett for which the world just is whatever is the case, the artist who is fascinated by the sheer inert materiality of objects like pebbles or bowler hats, and who resists the attempt to impose on them some portentous significance ('No symbol where none intended', as he writes). Chief among these inert objects, though with no particular privileged status, is the body, on which meaning never seems to stick. The body is simply a lumbering mechanism, which we perch inside as a man might sit inside a crane. Things in Beckett's world are either so low-profiled as to be desperately ambiguous, or bluntly impervious to meaning. Reality is either a rock face which offers no hold for sense-making, or an enigmatic flickering of signifiers. It is shadowy and evanescent, but also a place of sharp edges and heavy weights, of crushing physical pains and splintering bones.

On this second, 'postmodern' way of looking, life is not meaningful, but neither is it meaningless. To claim gloomily that existence is bereft of meaning is to remain a prisoner of the illusion that it might have meaning. But what if life is just not the kind of thing which can be spoken of in either of these terms? If meaning is something people do, how can we expect the world to be meaningful or meaningless in itself? And why then should we bewail the fact that it does not present itself to us as bursting

[18] Jean-Paul Sartre, *Being and Nothingness* (London, 1958), p. xlii (translation amended).

with significance? You would not lament the fact that you were not born wearing a small woolly hat. Babies being born sporting small woolly hats is just not the kind of thing one should expect to happen. There is no point in feeling down in the mouth about it. It is no cause for tragic *Angst* that you came into the world bareheaded. It is not a lack which you are glumly aware of as you go about your daily business.

Nothing is missing here, just as nothing is missing when I reply 'Because I put it on the gas' when asked 'Why is the kettle boiling?' Someone, however, might suspect that I have not really explained why the kettle is boiling unless I also explain the chemical processes which underlie this, and then the laws which underlie that, and so on until we have reached a bedrock where all questions come to an end. Unless there is an absolute foundation, there must surely be something lacking. Everything must be left hanging precariously in the air. And this, for some people, is the case with meaning. Surely, if meaning is simply something we get up to, it cannot act as a sure infrastructure to reality. Things must be inherently meaningful, not just meaningful because we make them so. And all these meanings must add up to one overall one. Unless there is a Meaning of meanings, there is no meaning at all. If the fact that it is snowing does not signify that God is seeking to shroud the earth in a soft mantle of oblivion, then it must simply be absurd.

What is an 'inherent' meaning in any case? For meanings are not 'in' things in the sense that ink is in a bottle. There could be a significant design somewhere in the world without our knowing about it (an unseen snowflake, for example, or an as-yet undetected sociological pattern); but meanings in the more common senses of the word are surely not like this. They are interpretations of the world, and therefore dependent upon us. Talk of 'inherent' meanings comes down to talk about trying to describe what is actually there in reality. But it is we who do the describing. We can then contrast this with 'assigned' meanings such as 'Greenland'. There are also obviously subjective meanings, such as 'For me, the Chicago skyline is the profile of God', or 'Whenever I hear the word "pelvis" I always think of Abraham Lincoln'.

We shall see later that we can talk of meanings as somehow built into things, or as the kind of natures they have. For the most part, however, 'inherent' meanings are simply the bits of our language which get at what is there. And sometimes there are situations, such as whatever it was that happened to the *Mary Celeste*, in which we simply do not know what is there, and where the truth may be quite other than all of our current interpretations. How does this affect the debate over the meaning of life? It is possible that life could have an 'inherent' meaning in the sense of one which none of us knows anything about – one quite different from the various meanings we fashion from it in our individual lives. Sigmund Freud, for example, came to believe that the meaning of life was death – that the whole effort of *Eros* or the life-instincts was to return to a condition of death-like stasis, where the ego could no longer be harmed. If this is true (and of course it may not be), then it follows that it was true before Freud discovered the fact, and that it is true right now even for those who do not recognize it. Our drives and desires may form a pattern of which we are unconscious, yet which fundamentally determines the meaning of our existence. There may thus be a meaning to life which we are (or were) all entirely ignorant of, yet which was not put there by some supra-human force like God or the *Zeitgeist*. To put the point a little more technically: immanence does not necessarily imply transcendence. A meaning to life put there by God, and one conjured up by ourselves, may not be the only possibilities.

As far as the apparent conflict between 'ascribed' and 'inherent' meanings goes, take the business of language. There used to be a debate in literary criticism about whether the meaning of a poem is somehow already there in the work, waiting for the reader to come and pluck it out, or whether it is something that we, the readers, bring to the poem. If it is we who invest the poem with meaning, then don't we simply get out of it whatever we put into it? In that case, how could the poem ever surprise us, or make us feel that it is resisting the way we are trying to read it? There is an analogy here with the idea that life is what you make it. Does this mean that we only get out of life what we put into it? 'Ultimately', writes Nietzsche, 'man finds in things nothing but what he himself has imported into them.'[19] So if you find that your life is empty, why not just fill it, as you would fill the fridge when you have run out of food? Why wail loudly about the fact when the solution is so obviously at hand? This theory of meaning, however, seems troublingly narcissistic. Do we never get outside our own heads? Isn't a genuine meaning one which we feel ourselves running up against, one which can resist or rebuff us, one which bears in on us with a certain ineluctability? If life is to have a meaning, surely it cannot be whatever we whimsically project on to it. Surely life itself must have a say in the matter?

We shall be looking at how life might resist what we try to make of it in a moment. Meanwhile, we can examine more closely the idea of meaning being 'in' a poem. To say that in the phrase 'Shall I compare thee to a summer's day?', the meaning lies 'in' the words themselves is just to say that the words have an agreed meaning in the English language. This is an agreement which cuts far deeper than whatever *I* might want the words to mean, and which is ultimately bound up with sharing a practical form of life. The fact that there is agreement here does not mean that we cannot argue over what these words mean in this particular context. Perhaps 'Shall I?' here means 'Do you want me to?', or perhaps it means 'Is it true that in the future I will compare you to a summer's day?' It is just that what we are arguing over are not meanings that we ascribe arbitrarily to the words. Even so, these meanings are only 'in' the words because of the social conventions which determine

[19] Nietzsche, *Will to Power*, 327.

the fact that in English the letters *d-a-y* should stand for the time between sunrise and sunset, the letters *t-h-e-e* should be the accusative case of the old-fashioned personal pronoun 'thou', and so on. These conventions are certainly arbitrary when viewed from the outside, as a comparison with the words for 'day' and 'thee' in Bulgarian would make clear. But they are not arbitrary when seen from the inside, any more than the rules of chess are.

To say that meaning is 'inherent' – that it is somehow built into things or situations themselves, rather than foisted on them – may be a misleading way of talking; but it is possible, even so, to make some sense of it. Some objects, for example, could be said to express or embody meanings in their very material presence. The paradigmatic case of this is a work of art. What is strange about works of art is that they seem material and meaningful at the same time. At the start of this book, I touched on the case that objects like cardiographs cannot be meaningful in themselves because meaning is a matter of language, not of things. But because a cardiograph, unlike a cabbage, is a human artefact, it can surely be said to have meanings and intentions built into it. It has, after all, a specific function in the world of medicine, which is independent of whatever functions I might choose to assign it. I can always use it to wedge open the window on a stifling hot day, or wield it with enviable dexterity to fight off a homicidal maniac; but it is still a cardiograph I am using to do so.

For those who believe in God, or some other intelligent force behind the universe, life has built-in meanings and purposes because it is itself an artefact. It is, to be sure, an appallingly shoddy piece of work in many ways, apparently thrown off in one of the artist's less inspired moments. But you can speak of inherent meaning here, just as you can with an armchair. To say that an armchair is 'intentional' is not to suggest that it harbours secret wishes, but that it is structured for the purpose of achieving certain effects, namely having people sit in it. This is a meaning or function it has independently of what I might want it to mean.

But it is not a meaning independent of humanity altogether. It is structured this way because someone designed it this way.

When we wonder whether a particular situation is, say, an instance of racism, we are asking about the situation itself, not just about how we feel about it or the language we use to describe it. Seeing meanings such as 'prejudiced' and 'discriminatory' as 'inherent' in the situation is just a pretentious way of saying that the situation really is racist. If we do not see this – if we think, for example, that 'racism' is just a set of subjective meanings we impose on the bare facts of what is happening – then we are not seeing the situation for what it is. A description of it which lacked such terms as 'discriminatory' – which tried, for example, to be 'value-free' – would not adequately capture what was going on. It would fail as a description, not just as an evaluation. This does not necessarily mean that the meaning of the situation is blindingly obvious. Whether it is racist or not may turn out to be impossible to determine. This, no doubt, is what people mean when they claim that it is possible to 'construct' the situation in conflicting ways. Words like 'racism' embody arguable interpretations. But it is the truth of the situation we are talking about, not the meaning of our interpretations.

Let us put the issue the other way round. Let us ask not what an 'inherent' meaning might look like, but what it means to claim that meanings are what we 'construct' the world to be. Does this imply that we can 'construct' it any old way we like? Surely not. Nobody actually believes this, not least because everybody agrees that our interpretations can sometimes be mistaken. It is just that the reasons people give for why this is so tend to differ. All of them, however, agree that it just would not *work* for us to 'construct' tigers as coy and cuddly. For one thing, some of us would no longer be around to tell the tale. Some thinkers would point out that it simply would not fit in with the rest of our interpretations, whereas others would argue that this perception of tigers would not allow us to do agreeable, life-enhancing things such as running away from them as fast as we can when they flash their fangs. Other theorists, known as realists, would argue that we cannot see tigers as cuddly because it is not the case that tigers are cuddly. How do we know? Because we have strong evidence that they are not, which comes to us from a world that is independent of our interpretations of it.

Whatever one's position here, it seems true that the distinction between 'inherent' and 'ascribed' is useful enough for some purposes, but in other ways is ripe for dismantling. For one thing, quite a few so-called inherent meanings, like pagan notions of Destiny, the Christian pattern of redemption, or Hegel's Idea, involve people making sense of their own lives. On this view, men and women are not just the puppets of some grandiose Truth, as they are for Schopenhauer. There *is* such a Truth in these cases; but without men and women's active participation in it, it will not unfold. It is part of Oedipus's tragic fate that he actively, if blindly, helps to bring on his own catastrophe. For Christian faith, the kingdom of God will not arrive unless human beings co-operate in its creation, even though the fact that they do this is already reckoned into the very idea of the kingdom. For Hegel, Reason realizes itself in history only through the genuinely free actions of individuals; indeed, it is at its most real when they are at their most free. All of these grand narratives dismantle the distinction between freedom and necessity – between forging your own meanings and being receptive to one already installed in the world.

All meanings are human performances, and 'inherent' meanings are just those performances which manage to capture something of the truth of the matter. The world does not divide down the middle between those who believe that meanings are 'inherent' in things in the same sense that my appendix is buried in my abdomen, and those rather weird people for whom the idea of 'having an appendix' is just a 'social construction' of the human body. (For sound medical reasons, not all of these people are around to tell the tale either.) 'Constructions' of this kind are a kind of one-way conversation with the world, in which, rather like the Americans in Iraq, it is we who tell it what it is like. But meaning is in fact the product of a transaction between us and reality. Texts and readers are mutually dependent.

To revert to our question-and-answer model: We can pose questions to the world, and these are certainly our questions rather than its own. But the answers the world may return are instructive precisely because reality is always more than our questioning anticipates. It exceeds our own interpretations of it, and is not averse to greeting them from time to time with a rude gesture or knocking the stuffing out of them. Meaning, to be sure, is something people do; but they do it in dialogue with a determinate world whose laws they did not invent, and if their meanings are to be valid, they must respect this world's grain and texture. To recognize this is to cultivate a certain humility, one which is at odds with the 'constructivist' axiom that when it comes to meaning, it is we who are all-important. This superficially radical notion is in fact secretly in cahoots with a Western ideology for which what matters is the meanings we stamp on the world and others for our own ends.

Shakespeare was alive to these issues, as this exchange in *Troilus and Cressida* over the worth of Helen of Troy makes clear:

> TROILUS: What's aught but as 'tis valued?
> HECTOR: But value dwells not in particular will:
> It holds his estimate and dignity
> As well wherein 'tis precious of itself
> As in the prizer ...
>
> Act 2, scene 2

Troilus is a kind of existentialist for whom things are valueless and meaningless in themselves; they acquire value and meaning only through the human energies which are invested in them.

In his eyes, Helen is precious because she has been the cause of a glorious war, rather than having caused a war because she is precious. The less hot-headed Hector, by contrast, holds to a more 'intrinsicist' theory of value: in his eyes, value is an amalgam of the given and the created. Things are not just highly prized, but precious or worthless in themselves. To some extent, he is surely right: health, peace, justice, love, happiness, humour, mercy, and so on are all candidates for the category of the inherently valuable. So are things like food, water, warmth, and shelter, which we need for our survival. But a lot that Hector himself probably thinks inherently valuable – gold, let's say – is actually valuable only by common agreement. Shakespeare is well aware of the parallels between value and meaning. His plays brood constantly on the question of whether meanings are innate or relative. He lived, after all, at a point of historical transition from a faith in the former to a belief in the latter; and his drama relates this momentous shift to an economic shift from 'intrinsic' values to the 'exchange-values' generated by market forces.[20]

The quarrel between 'inherentists' and 'constructivists' runs back well beyond the Elizabethan age. In an illuminating study, Frank Farrell traces it as far back as the late medieval period, and the conflict between Catholic and Protestant theologies.[21] The problem is that if God is to be all-powerful, the world cannot be allowed to have inherent or essential meanings, since these would inevitably constrain his freedom of action. Creation cannot be permitted to put up resistance to its Creator. It cannot have a mind and autonomy of its own. So the only way to preserve God's freedom and omnipotence seemed to be to drain the world of inherent sense. Reality for some Protestant thinkers had accordingly to be thinned out, stripped of the thickness which Catholic theologians like Thomas Aquinas ascribed to it. It had

[20] For a fuller discussion, see my *William Shakespeare* (Oxford, 1986).

[21] See Frank Farrell, *Subjectivity, Realism and Postmodernism* (Cambridge, 1996).

to be radically indeterminate, for then it would just be pliable stuff which the Almighty could bend into whatever shape he whimsically chose. He would no longer have to respect the fact that, say, a woman is a woman, since he could quite easily make her behave like a hedgehog if the idea took his fancy. The world, as with postmodernism, becomes one enormous cosmetic surgery.

Essences – the idea that things, including human beings, had determinate natures – thus had to go. If they lingered on, they would get in the way of God's supreme power. The 'realists' who believed in such determinate natures were at daggers drawn with the 'nominalists' who saw them simply as verbal fictions. Protestantism of this kind is thus an early form of anti-essentialism. As with some anti-essentialism today, it goes hand in hand with a kind of voluntarism, or cult of the will. Once determinate natures have disappeared, God's arbitrary will can finally come into its own. Things will then be what they are because of his say-so, not because of themselves. Postmodernism simply replaces God here with human beings. Reality is not any way in itself, just the way that we construct it to be.

For the voluntarist, torture is morally wrong because God's will has determined it to be so, not because it is wrong in itself. In fact, nothing is right or wrong in itself. God could easily have decided to make failing to torture each other a punishable offence. There can be no reason for his decisions, since reasons would hamper his absolute freedom of action. Anti-essentialism thus goes hand in hand with irrationalism. Like all tyrants, God is an anarchist, unbound by law or reason. He is the source of his own law and reason, which are there to serve his power. Torture could well be permissible if it suited his purposes. It is not difficult to identify the inheritors of these doctrines in our own political world.

Yet purging the world of essences may not clear the decks for the unbridled will. For what if in clearing out essences, you find you have swept out the self along with them? If the self has no determinate nature either, then its will and agency are fatally undermined. At the point of its supreme triumph, it is struck empty. The news that there is no given meaning to life is both exhilarating and alarming. The individual self has now taken over God's role as a supreme legislator; yet, like God, it seems to be legislating in a void. Its diktats appear every bit as arbitrary and pointless as divine commands. In moral matters, this sometimes takes the form of what is known as 'decisionism': infanticide is wrong because I, or we, have taken some fundamental moral decision from which such prohibitions follow. As Nietzsche remarks: 'Genuine philosophers ... are commanders and legislators: they say: *thus* shall it be!'[22] At once solitary and triumphant, the self is now the only source of meaning and value in a world bleached of inherent significance. Yet this meaninglessness seems also to have invaded its own inner sanctum. Like the Almighty, it is free to inscribe its own meanings on the blank slate of the cosmos; yet since there is now no objective reason why it should act in this way rather than that, this freedom turns out to be vacuous and self-consuming. Humanity itself has become an absurdity.

The Protestant self is no longer at home in the world. There are no longer any given bonds between the two. Because reality is inherently meaningless, the self can find no reflection of itself in reality, which is made out of a material utterly different from its own. It is thus not long before it comes like a castaway to doubt its own existence, deprived of anything outside itself which might confirm its identity. 'Man' is the sole source of meaning in the world; but the world has turned its back on such sense-making, thus rendering it arbitrary and gratuitous. And because there is no sense or logic in things, there is no predictability in them either. This is why the Protestant self moves fearfully in a darkened world

[22] Friedrich Nietzsche, *Beyond Good and Evil*, in Walter Kaufmann (ed.), *Basic Writings of Nietzsche* (New York, 1968), 326.

of random forces, haunted by a hidden God, uncertain of its own salvation.

All this, to be sure, was at the same time an enormous liberation. There was no longer simply one valid way of reading reality. The priests no longer monopolized the keys to the kingdom of meaning. Freedom of interpretation was now possible. Men and women no longer had to kowtow to the ready-made meanings which God had folded into the world. The sacred text of the universe, in which physical elements were allegorical signs of spiritual truths, gradually gave way to a secular script. Emptied of prefabricated meanings, reality could now be construed according to the needs and desires of humanity. What were previously fixed meanings could be loosened up and combined in imaginative new ways. Significantly, it was a Protestant pastor, Friedrich Schleiermacher, who invented the science of hermeneutics, or interpretation. It is even arguable that this whole way of seeing has sound scriptural roots. In Genesis 2: 19, 'the Lord God formed every beast of the field and every bird of the air, and brought them to the man to see what he would call them; and whatever the man called every living creature, that was its name' (RSV). Since the act of naming in ancient Judaic culture is always a creative or performative one, this suggests that it is humanity which is the source of meaning, while Yahweh is the source of being. God makes the animals, presents them to man, and they become what he makes of them.

Should the lonely Protestant spirit groping fearfully in the dark be a cause for concern for those who believe that life is what you make it? Yes and no. No, in the sense that making your life meaningful, rather than expecting its meaning to be pre-given, is a perfectly plausible idea. Yes, in so far as it ought to serve as a sober warning that to shape the meaning of one's life for oneself cannot be a matter of fashioning just any meaning that takes your fancy. It does not exempt you from justifying whatever it is that makes your life meaningful at the bar of common opinion. You cannot just say 'Personally, I find that the meaning of my life lies in asphyxiating dormice' and hope to get away with it.

Nor can it be a question of creation *ex nihilo*. Human beings are self-determining – but only on the basis of a deeper dependency upon Nature, the world, and each other. And whatever meaning I may forge for my own life is constrained from the inside by this dependency. We cannot start from scratch. It is not a matter of clearing away God-given meanings in order to hammer out our own, as Nietzsche seemed to imagine. For we are already plunged deep in the midst of meaning, wherever it is we happen to find ourselves. We are woven through by the meanings of others – meanings which we never got to choose, yet which provide the matrix within which we come to make sense of ourselves and the world. In this sense, if not in every sense, the idea that I can determine the meaning of my own life is an illusion.

But it is not only what others make of their lives which restricts what I can make of my own. It is also shaped by those features of my existence which arise from my being a member of a natural species, and which are most obvious in the material nature of my body. It could not be part of the meaning of life that I should leap unaided thirty feet in the air three times a day. Any meaningful life-plan which fails to accommodate the realities of kinship, sociality, sexuality, death, play, mourning, laughter, sickness, labour, communication, and so on is not going to get us very far. It is true that these universal aspects of human life are lived out very differently by different cultures; but it is also worth noting that they bulk large in the course of any individual existence. Many of the central features of personal life are not personal at all. Simply because we are material animals, an enormous amount has already been determined for us, not least the ways in which we come to reason. For our style of reasoning is closely connected to our animality.[23] Perhaps this is part of what Wittgenstein had in mind when he remarked that if a lion could speak, we would not be able to understand what he said. Unless the meaning of life encompasses my material body and my membership of the species, it cannot be said to encompass me. We shall unpack some of the implications of this in the next chapter.

23 See Alasdair MacIntyre, *Dependent Rational Animals* (London, 1998).

Chapter 4
Is life what you make it?

So far, we have looked more at meaning than at life. Yet the word 'life' is every bit as problematic as the word 'meaning', and it is not hard to see why. For surely the reason why we cannot talk about the meaning of life is that there is no such thing as life? Are we not, as Wittgenstein might say, bewitched here by our grammar, which can generate the word 'life' in the singular just as it can the word 'tomato'? Perhaps we have the word 'life' only because our language is intrinsically reifying. '*Essence* is expressed by grammar', as Wittgenstein remarks.[24] How on earth could everything that falls under the heading of human life, from childbirth to clog dancing, be thought to stack up to a single meaning? Isn't this exactly the delusion of the paranoiac, for whom everything is supposed to be ominously resonant of everything else, bound together in an oppressively translucent whole? Or, if you prefer, the delusion of philosophy, which as Freud mischievously commented is the nearest thing to paranoia? Not even an individual life adds up to a unified whole. It is true that some people see their lives as forming an elegant narrative all the way from Introduction to Epilogue, but not everyone views themselves like this. How, then, could countless millions of individual lives stack up to a coherent whole, if not even one of

[24] Ludwig Wittgenstein, *Philosophical Investigations*, trans. G. E. M. Anscombe (Oxford, 1963), §371.

them does? Life surely does not have enough shape to it even to constitute a riddle.

'The meaning of life' might well mean 'what it all adds up to', in which case childbirth and clog dancing would indeed have to be viewed as aspects of a single, significant totality. And this is more than one would expect even from the most shapely, well-integrated works of art. Not even the most grandiose of historical narratives imagines that it can make sense of absolutely everything. Marxism has nothing to say about the anal scent glands of the civet, a silence which it does not consider a defect. There is no official Buddhist position on West Yorkshire waterfalls. It is wildly improbable that everything in human life constitutes part of a coherent pattern. Is it enough, then, for most of it to do so? Or does 'the meaning of life' mean rather 'the *essential* significance of life' – not so much what it all adds up to as what it all boils down to? A statement like 'The meaning of life is suffering' suggests not that suffering is the whole of life, or the point and purpose of life, but that it is the most significant or fundamental feature of it. By tracking this particular thread, so the claim goes, we can make sense of the whole baffling design.

Is there, then, a phenomenon called 'human life' which can be the bearer of a coherent meaning? Well, people certainly sometimes speak of life in such general terms. Life is a gas, a bitch, a cabaret, a vale of tears, a bed of roses. This bunch of shop-soiled tags may hardly seem much on which to build a case. Yet the assumption that all meta-statements about human life are vacuous is itself vacuous. It is not true that only concrete, particular truths have any force. What, for example, of the generalization that most men and women in history have lived lives of fruitless, wretched toil? This is surely more disturbing than the proposition that most people in Delaware have done so.

Perhaps it is impossible to generalize intelligently about human life, because in order to do so we would have to step outside it.

And this would be like trying to leap out of our skins. Surely only someone outside human existence altogether, like God, would be able to survey it as a whole and see whether it added up?[25] The case is akin to Nietzsche's argument in *The Twilight of the Idols* that life cannot be judged either valuable or valueless in itself, since the criteria we would have to appeal to in order to establish this would themselves be part of life. But this is surely questionable. You do not need to stand outside human existence in order to make meaningful comments about it, any more than you need to be in New Zealand in order to criticize British society as a whole. It is true that nobody has ever actually seen British society as a whole, any more than anyone has ever clapped eyes on the Boy Scout movement; but we can make reasonable inferences from the bits of reality that we are familiar with to the bits that we aren't. It is not a matter of seeing it all, just a matter of seeing enough to sort out what seems typical from what does not.

If generalizations about humanity can be valid, it is among other things because human beings, belonging as they do to the same natural species, share an immense amount in common. To say this is not to overlook the politically explosive differences and distinctions between them. But those postmodern thinkers who are enraptured by difference, and with dreary uniformity find it everywhere they turn, should not overlook our common features either. The differences between human beings are vital, but they are not a solid enough foundation on which to build an ethics or a politics.

Besides, even if one could not speak of 'the human condition' in 1500, one can certainly do so in 2000. Those who find the idea objectionable seem not to have heard of globalization. It is

[25] John Cottingham seems to endorse this case in his *On the Meaning of Life* (London, 2003), and adduces Wittgenstein's *Tractatus Logico-Philosophicus* in its defence. For the Wittgenstein of the *Tractatus*, however, it is not only the meaning of life which falls beyond the bounds of the knowable, but subjectivity as such.

transnational capitalism which has helped to forge humanity into one. What we now at least have in common is the will to survive in the face of the various threats to our existence which loom up on every side. There is a sense in which those who deny the reality of the human condition also deny global warming. Nothing ought to unite the species as effectively as the possibility of its extinction. In death, at least, we come together.

If the meaning of life lies in the common *goal* of human beings, then there seems no doubt about what this is. What everyone strives for is happiness. 'Happiness', to be sure, is a feeble, holiday-camp sort of word, evocative of manic grins and cavorting about in a multicoloured jacket. But as Aristotle recognizes in his *Nicomachean Ethics*, it operates as a kind of baseline in human life, in the sense that you cannot reasonably ask *why* we should seek to be happy. It is not a means to something else, as money or power generally are. It is more like wanting to be respected. Desiring it just seems to be part of our nature. Here, then, is a foundational term of sorts. The problem is that it is so desperately indeterminate. The idea of happiness seems both vital and vacuous. What counts as happiness? What if you find it in terrorizing old ladies? Someone who is determined to become an actor may spend fruitless hours auditioning while living on a pittance. For much of the time she is anxious, dispirited, and mildly hungry. She is not what we would usually call happy. Her life is not pleasant or enjoyable. Yet she is, so to speak, prepared to sacrifice her happiness to her happiness.

Happiness is sometimes seen as a state of mind. But this is not how Aristotle regards it. 'Well-being', as we usually translate his term for happiness, is what we might call a state of soul, which for him involves not just an interior condition of being, but a disposition to behave in certain ways. As Ludwig Wittgenstein once remarked, the best image of the soul is the body. If you want to observe someone's 'spirit', look at what they do. Happiness for Aristotle is attained by virtue, and virtue is above all a social

9. A statue of the Greek philosopher Aristotle

practice rather than an attitude of mind. Happiness is part of a practical way of life, not some private inner contentment. On this theory, you could look at someone's conduct over a period of time and exclaim 'He's happy!', as you could not on a more dualistic model of human beings. And he would not have to be beaming or cavorting about either.

Julian Baggini, in his discussion of happiness in *What's It All About?*, fails fully to register this point. In order to illustrate that happiness is not the be-all and end-all of life, he argues that if you are just about to embark on your quest for happiness and see someone sinking in quicksand, it would surely be better to save them than to pursue your own contentment.[26] The language of 'embark on your quest for happiness' is surely telling: for one thing, it makes happiness sound like a private pursuit, and for another thing it makes it sound like a good night out on the town. Indeed, it risks making happiness sound more like pleasure: saving someone from quicksand couldn't be part of it, since it clearly isn't pleasant. In fact, Baggini, in common with most moral philosophers, recognizes elsewhere in his book that pleasure is a passing sensation, while happiness at its best is an enduring condition of being. You can experience intense pleasure without being in the least happy; and just as it seems that you can be happy for dubious reasons (such as terrorizing old ladies), you can also relish morally disreputable pleasures, like rejoicing in your enemy's discomfort.

One objection to Baggini's example is thus surely obvious. Couldn't rescuing someone from quicksand be *part* of one's happiness, rather than a dutiful distraction from it? This is only unclear if one is thinking of happiness along the lines of pleasure, rather than of Aristotelian well-being. For Aristotle, happiness is bound up with the practice of virtue; and though he has nothing in particular to say about rescuing people from quicksand, this

[26] Julian Baggini, *What's It All About?* (London, 2004), 97.

would certainly count for his great Christian successor Thomas Aquinas as a sign of well-being. For Aquinas, it would be an example of love, which in his view is not ultimately in conflict with happiness. This is not to say that in Aristotle's eyes happiness and pleasure are simple opposites. On the contrary, virtuous people for him are those who reap pleasure from doing good, and those who do the decent thing without enjoying it are not in his view truly virtuous. But pleasure of a merely bovine or dissolute despot variety is certainly to be contrasted unfavourably with happiness.

Baggini's rather un-Aristotelian idea of happiness is also evident in a scenario he takes from the philosopher Robert Nozick. Suppose that you were plugged into a machine, one rather like the supercomputer in the film *The Matrix*, which allowed you a virtual experience of complete, uninterrupted happiness. Wouldn't most people reject this seductive bliss on account of its unreality? Don't we want to live our lives truthfully, without deception, aware of ourselves as the authors of our own lives, conscious that it is our own strivings and not some manufactured contraption which is responsible for our sense of fulfilment? Baggini believes that most people would indeed reject the happiness machine on these grounds, and he is surely right. But the idea of happiness he offers us here is once again un-Aristotelian. It is a mood or state of consciousness rather than a way of life. It is, in fact, exactly the kind of modern concept of happiness which Aristotle might well have found unintelligible, or at least objectionable. For him, you could not be happy sitting in a machine all your life – not just because your experience would be a matter of simulation rather than reality, but because well-being involves a practical, social form of life. Happiness for Aristotle is not an inward disposition that might then issue in certain actions, but a way of acting which creates certain dispositions.

In Aristotle's eyes, the reason why you could not be really happy sitting in a machine all your life is much the same reason as why you could not be fully happy confined to a wheelchair or an iron lung. It is not, of course, that the disabled cannot know a precious sense of self-fulfilment, just like anyone else; it is simply that to be disabled is to be stymied in one's ability to realize certain powers and capacities. And such realization, on Aristotle's own rather specialist definition, is part of one's happiness or well-being. There are other senses of 'happy' in which disabled people can be perfectly so. Even so, the current mealy-mouthed fashion of denying that the disabled really are disabled, a self-deception especially prominent in a United States for which frailty is an embarrassment and nothing short of success will do, is as much a form of moral hypocrisy as the Victorian habit of denying that the poor were quite likely to be miserable. It belongs with a general Western disavowal of uncomfortable truths, an urge to sweep suffering under the carpet.

Sacrificing one's happiness for the sake of someone else is probably the most morally admirable action one can imagine. But it does not therefore follow that it is the most typical or even the most desirable kind of loving. It is not the most desirable because it is a pity that it is necessary in the first place; and it is not the most typical because, as I shall be arguing in a moment, love at its most typical involves the fullest possible reciprocity. One may love one's small infants to the point of being cheerfully prepared to die for them; but because loving in the fullest sense is something the infants themselves are going to have to learn, the love between you and them cannot be the prototype of human love, any more than can a less precious relationship like one's affection for a loyal old butler. In both cases, the relationship is not equal enough.

Happiness or well-being for Aristotle, then, involves a creative realization of one's typically human faculties. It is as much something you do as something you are. And it cannot be done in isolation, which is one way in which it differs from the pursuit of pleasure. The Aristotelian virtues are for the most part social ones. The idea of self-realization can have something of a virile, red-faced feel to it, as though we are speaking of a kind of spiritual gymnastics. In fact, Aristotle's 'great-souled' moral prototype is much like this: a prosperous Athenian gentleman who is a stranger to failure, loss, and tragedy – interestingly, for the author of one of the world's great treatises on the latter topic. The good man for Aristotle often sounds more like Bill Gates than St Francis of Assisi. It is true that he is concerned not with being successful as this or that kind of person – a businessman, for example, or a politician – but with being successful at being human. For Aristotle, being human is something we have to get good at, and virtuous people are virtuosi of living. Even so, there is something amiss with a theory of happiness for which the idea of a happy woman might well be a contradiction in terms. So would the idea of a happy failure.

For Karl Marx, however, a moral philosopher in Aristotle's lineage, self-realization would also encompass, say, listening to a string quartet, or savouring a peach. Perhaps 'self-fulfilment' has a less strenuous ring to it than 'self-realization'. Happiness is a question of self-fulfilment, which is not to be confused with the Boy Scout or Duke of Edinburgh ideology of seeing life as a series of hurdles to be leapt over and achievements to be stashed beneath the belt. Achievements make sense within the qualitative context of a whole life, not (as in the mountaineering ideology of life) as isolated peaks of attainment.

By and large, people either feel good or they do not, and are generally aware of the fact. One cannot, to be sure, dismiss the influence of so-called false consciousness here. A slave may be conned into believing that he is blissfully content when his behaviour betrays the fact that he is not. We have remarkable resources for rationalizing our wretchedness. But when, for example, an astonishing 92 per cent of the Irish tell pollsters that they are happy, there is not much one can do but believe them. It is true that the Irish have a tradition of geniality to strangers, so perhaps they are claiming to be happy simply to make the pollsters feel happy. But there is no real reason not to take them at their word. In the case of practical or Aristotelian happiness, however, the dangers of self-deception are more acute. For how are you to know that you are living your life virtuously? Perhaps a friend or observer might be a more reliable judge here than you are yourself. In fact, Aristotle might have written his books on ethics partly to put people right about what really counted as happiness. He may have assumed that there was a good deal of false consciousness on the issue. Otherwise it is hard to know why he should recommend a goal which all men and women pursue in any case.

If happiness is a state of mind, then it is arguably dependent on one's material circumstances. It is possible to claim that you can be happy despite those circumstances, a case not far from that of Spinoza or the ancient Stoics. Yet it is grossly improbable that you could feel content living in an unsanitary, overcrowded refugee camp, having just lost your children in some natural disaster. On an Aristotelian view of happiness, however, this is even more obvious. You cannot be brave, honourable, and generous unless you are a reasonably free agent living in the kind of political conditions which foster these virtues. This is why Aristotle sees ethics and politics as intimately bound together. The good life requires a particular kind of political state – in his view, one well supplied with slaves and subjected women, who do the donkey-work while you yourself sally forth to pursue the life of excellence. Happiness or well-being is an institutional affair: it demands the kind of social and political conditions in which you are free to exercise your creative powers. This is less evident when one thinks of happiness, as the liberal tends to do, primarily as an internal or individual affair. Happiness as a state of mind may require untroubled surroundings, but it does not require a particular kind of politics.

Happiness, then, may constitute the meaning of life, but it is not an open-and-shut case. We have seen, for example, that someone may claim to derive happiness from behaving despicably. They may even claim perversely to derive it from unhappiness, as in 'He's never happier than when he's grousing'. There is always, in other words, the problem of masochism. As far as despicable behaviour goes, someone's life may be formally meaningful – meaningful in the sense of being orderly, coherent, exquisitely well-patterned, and full of well-defined goals – while being trivial or even squalid in its moral content. The two may even be interrelated, as in the shrivel-hearted bureaucrat syndrome. There are also, of course, other candidates for the meaning of life apart from happiness: power, love, honour, truth, pleasure, freedom, reason, autonomy, the state, the nation, God, self-sacrifice, contemplation, living according to Nature, the greatest happiness of the greatest number, self-abnegation, death, desire, worldly success, the esteem of one's fellows, reaping as many intense experiences as possible, having a good laugh, and so on. For most people, in practice if not always in theory, life is made meaningful by their relationships with those closest to them, such as partners and children.

A number of these candidates will seem to many people either too trivial, or too instrumental, to count as the meaning of life. Power and wealth belong fairly obviously to the instrumental category; and anything which is instrumental cannot have the fundamental quality which the meaning of life seems to demand, since it exists for the sake of something more fundamental than itself. This is not necessarily to equate the instrumental with the inferior: freedom, at least in some definitions of it, is instrumental, yet most people agree on its preciousness.

It seems doubtful, then, that power can be the meaning of life. All the same, it is a precious human resource, as the powerless are well aware. As with wealth, only those well furnished with it can afford to disdain it. Everything depends on who is exercising it for what purposes in which situations. But it would seem no more an end in itself than wealth – unless, that is, you take 'power' in the Nietzschean sense, which is closer to the idea of self-realization than it is to domination. (Not that Nietzsche was in the least averse to a stiff dose of the latter.) 'Will to power' in Nietzsche's thought means the tendency of all things to realize, expand, and augment themselves; and it is reasonable to see this as an end in itself, just as Aristotle regards human flourishing as an end in itself. Spinoza viewed power in much the same way. It is just that, in Nietzsche's Social Darwinist vision of life, this ceaseless proliferation of powers also involves power as domination, as each life-form strives to subjugate the others. Those tempted to see power in the sense of domination as an end in itself should summon to mind the monstrous, grotesque figure of the deceased British newspaper proprietor Robert Maxwell, a swindler and bully whose body was an obscene image of his soul.

As for wealth, we live in a civilization which piously denies that it is an end in itself, and treats it exactly this way in practice. One of the most powerful indictments of capitalism is that it compels us to invest most of our creative energies in matters which are in fact purely utilitarian. The means of life become the end. Life consists in laying the material infrastructure for living. It is astonishing that in the twenty-first century, the material organization of life should bulk as large as it did in the Stone Age. The capital which might be devoted to releasing men and women, at least to some moderate degree, from the exigencies of labour is dedicated instead to the task of amassing more capital.

If the meaning-of-life question seems pressing in this situation, it is for one thing because this whole process of accumulation is ultimately as pointless and purposeless as the Schopenhaurian Will. Like the Will, capital has a momentum of its own, exists primarily for its own sake, and uses individuals as instruments of its own blind evolution. It also has something of the low cunning of the Will, persuading the men and women it employs as so many tools that they are precious, unique, and self-determining. If Schopenhauer names this deception 'consciousness', Marx calls it ideology.

Freud set out by believing that the meaning of life was desire, or the ruses of the unconscious in our waking lives, and came to believe that the meaning of life was death. But this claim can have several different meanings. For Freud himself, it means that we are all ultimately in thrall to *Thanatos*, or the death drive. But it can also mean that a life which contains nothing for which one is not prepared to die is unlikely to be very fruitful. Or it can suggest that to live in an awareness of our mortality is to live with realism, irony, truthfulness, and a chastening sense of our finitude and fragility. In this respect at least, to keep faith with what is most animal about us is to live authentically. We would be less inclined to launch hubristic projects which bring ourselves and others to grief. An unconscious trust in our own immortality lies at the source of much of our destructiveness.

10. The Grim Reaper: a still from Monty Python's 'The Meaning of Life'

Wryly alert to the perishability of things, we would be wary of clutching them neurotically to our bosoms. Through this enabling detachment, we would be better able to see things for what they are, as well as to relish them more fully. In this sense, death enhances and intensifies life, rather than voiding it of value. This is not some *carpe diem* recipe, but the exact reverse. The frantic *jouissance* of seizing the day, gathering rosebuds, downing an extra glass, and living like there's no tomorrow is a desperate strategy for outwitting death, one which seeks pointlessly to cheat it rather than to make something of it. In its frenzied hedonism, it pays homage to the death it tries to disavow. For all its bravura, it is a pessimistic view, whereas the acceptance of death is a realistic one.

Besides, to be conscious of our limits, which death throws into unforgiving relief, is also to be conscious of the way we are dependent on and constrained by others. When St Paul comments that we die every moment, part of what he has in mind is perhaps the fact that we can only live well by buckling the self to the needs of others, in a kind of little death, or *petit mort*. In doing so, we rehearse and prefigure that final self-abnegation which is death. In this way, death in the sense of a ceaseless dying to self is the source of the good life. If this sounds unpleasantly slavish and self-denying, it is only because we forget that if others do this as well, the result is a form of reciprocal service which provides the context for each self to flourish. The traditional name for this reciprocity is love.

Yet we also die every minute in a rather more literal sense. We live by a kind of perpetual negation, as we annul one situation in projecting ourselves into another. This constant self-transcendence, one possible only to the linguistic animal, is known as history. Psychoanalytically speaking, however, it has the name of desire, which is one reason why desire is a plausible candidate for the meaning of life. Desire wells up where something is missing. It is a question of lack, hollowing out the

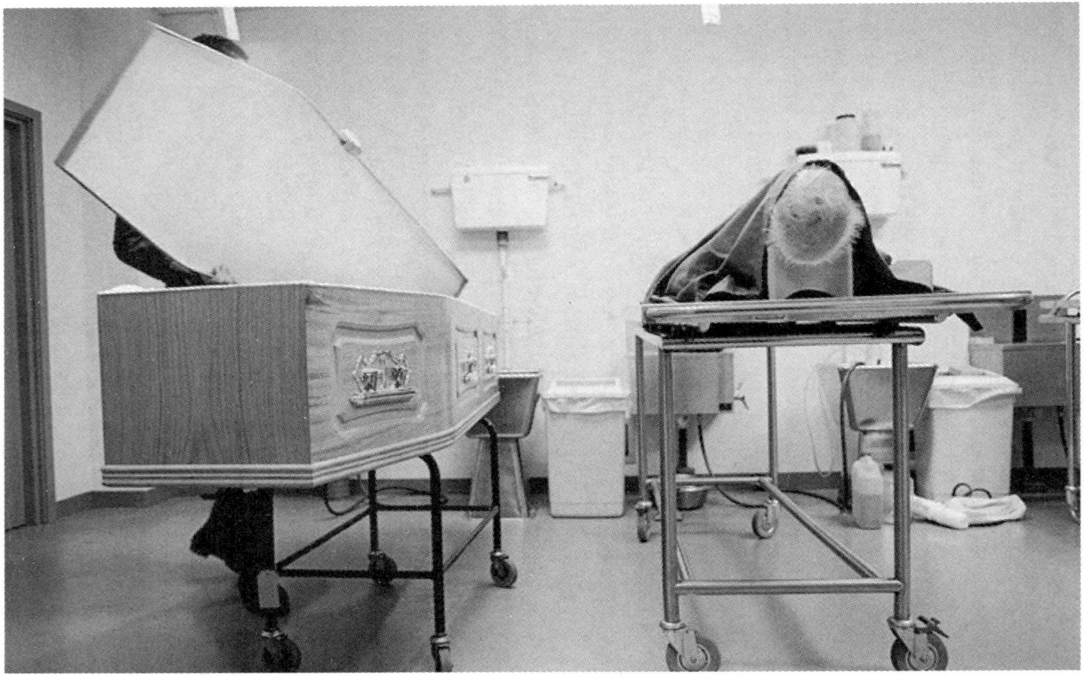

11. From here to eternity

present in order to shuttle us on to some similarly scooped-out future. In one sense, death and desire are antagonists, since if we ceased to desire, history would grind to a halt. In another sense, however, desire, which for Freudians is the driving force of life, reflects in its inner lack the death to which it will finally bring us. In this sense, too, life is an anticipation of death. It is only because we carry death in our bones that we are able to keep on living.

If death sounds rather too gloomy an answer to the meaning of life, and desire a rather too steamy one, what about intellectual contemplation? From Plato and Spinoza to the neo-conservative guru Leo Strauss, the idea that reflecting on the truth of existence is the noblest goal of humanity has had its allures – not least, needless to say, among intellectuals. It is pleasant to feel that one has tuned in to the meaning of the universe simply by turning into one's university office every morning. It is as though tailors, when asked about the meaning of life, should reply 'A really fantastic pair of trousers', while farmers should propose a bumper harvest. Even Aristotle, for all his interest in practical forms of life, thought this the highest form of fulfilment. Yet the idea that the meaning of life consists in pondering the meaning of life seems curiously tail-chasing. It also assumes that the meaning of life is some kind of proposition, such as 'The ego is an illusion' or 'Everything is made out of semolina'. A small elite of the wise, having devoted their lives to brooding on these matters, may then be fortunate enough to stumble on whatever the truth of the question may be. This is not exactly the case for Aristotle, for whom such speculation, or *theōria*, is itself a kind of practice; but it is a danger that the case in general can court.

Yet if life does have a meaning, it is surely not of this contemplative kind. The meaning of life is less a proposition than a practice. It is not an esoteric truth, but a certain *form* of life. As such, it can only really be known in the living. Perhaps this is what Wittgenstein had in mind when he observed in the *Tractatus* that 'We feel that even if all possible scientific questions be answered, then problems of life have still not been touched at all. Of course there is then no question left, and just this is the answer. The solution of the problem of life is seen in the vanishing of this problem' (6.52, 6.251).

What sense can we make of these cryptic sayings? What Wittgenstein probably means is not that the meaning of life is a pseudo-question, but that it is a pseudo-question as far as philosophy is concerned. And Wittgenstein had no great respect for philosophy, which he hoped his *Tractatus* would bring to an end. All the vital questions, he thought, lay outside the subject's stringent limits. The meaning of life was not something that could be said, in the form of a factual proposition; and for the early Wittgenstein, only this kind of proposition made sense. We come to glimpse something of the meaning of life when we realize that it is not the kind of thing that could be an answer to a philosophically meaningful question. It is not a 'solution' at all. Once we have recognized that it is beyond all such questions, we understand that *this* is our answer.

The words of Wittgenstein which I quoted earlier in the book – 'Not how the world is, is the mystical, but *that* it is' – mean, perhaps, that we can speak of this or that state of affairs in the world, but not of the value or meaning of the world as a whole. This does not mean that Wittgenstein dismissed such talk as nonsense, as the logical positivists did. On the contrary, he thought it far more important than talk about factual states of affairs. It was just that language could not represent the world as a whole. But though the value and meaning of the world as a whole could not be stated, they could nevertheless be shown. And one negative way of showing them was to show what philosophy could *not* say.

The meaning of life is not a solution to a problem, but a matter of living in a certain way. It is not metaphysical, but ethical. It is not something separate from life, but what makes it worth living – which is to say, a certain quality, depth, abundance, and intensity of life. In this sense, the meaning of life is life itself, seen in a certain way. Meaning-of-life merchants generally feel let down by such a claim, since it does not seem mysterious and majestic enough. It seems both too banal and too exoteric. It is only slightly more edifying than '42'. Or indeed, than the T-shirt slogan which reads 'What If The Hokey-Cokey Really Is What It's All About?' It takes the meaning-of-life question out of the hands of a coterie of adepts or *cognoscenti* and returns it to the routine business of everyday existence. It is just this kind of bathos that Matthew sets up in his gospel, where he presents the Son of Man returning in glory surrounded by angels for the Last Judgement. Despite this off-the-peg cosmic imagery, salvation turns out to be an embarrassingly prosaic affair – a matter of feeding the hungry, giving drink to the thirsty, welcoming the stranger, and visiting the imprisoned. It has no 'religious' glamour or aura whatsoever. Anybody can do it. The key to the universe turns out to be not some shattering revelation, but something which a lot of decent people do anyway, with scarcely a thought. Eternity lies not in a grain of sand but in a glass of water. The cosmos revolves on comforting the sick. When you act in this way, you are sharing in the love which built the stars. To live in this way is not just to have life, but to have it in abundance.

This kind of activity is known as *agapē*, or love, and has nothing to do with erotic or even affectionate feelings. The command to love is purely impersonal: the prototype of it is loving strangers, not those you desire or admire. It is a practice or way of life, not a state of mind. It has no connection with warm glows or personal intimacies. Is love, then, the meaning of life? It has certainly been the favourite candidate of a number of astute observers, not least of artists. Love resembles happiness in that it seems to be a baseline term, an end in itself. Like happiness, it seems to be of our nature. It is hard to say why you should bother giving water to the thirsty, not least if you know that they will die anyway in a few minutes' time.

In other ways, however, there are clashes between the two values. Someone who spends their life caring for a severely disabled child sacrifices their happiness to their love, even if this sacrifice is also made in the name of happiness (that of the child). Fighting for justice, which is a form of love, may bring you to your death. Love is a taxing, dispiriting affair, shot through with struggle and frustration, far removed from some beaming, bovine contentment. Yet it is still possible to argue that in the end love and happiness come down to different descriptions of the same way of life. One reason for this is that happiness is not in fact some beaming, bovine contentment, but (for Aristotle, at least) the condition of well-being which springs from the free flourishing of one's powers and capacities. And love, it can be claimed, is the same condition viewed in relational terms – the state in which the flourishing of one individual comes about through the flourishing of others.

How are we to understand this definition of love, remote as it is from both Catullus and Catherine Cookson? To begin with, we can return to our earlier suggestion that the possibility of human life having a built-in meaning does not depend on a belief in some transcendent power. It may well be that the evolution of human beings was random and accidental, but it does not necessarily follow from this that they do not have a specific kind of nature. And the good life for them may consist in realizing that nature. Bees evolved randomly as well, but can certainly be said to have a determinate nature. Bees do bee-like things. This is much less obvious in the case of human beings, since unlike bees it belongs to our nature to be cultural animals, and cultural animals are highly indeterminate creatures. Even so, it seems clear that culture does not simply annul our 'species being' or material nature. We are by nature, for example, sociable animals, who must co-operate or die; but we are also individual beings who seek our own fulfilment. To be individuated is an activity of our species being, not a condition at odds with it. We could not achieve it, for example, were it not for language, which belongs to me only because it belongs to the species first.

What we have called love is the way we can reconcile our search for individual fulfilment with the fact that we are social animals. For love means creating for another the space in which he might flourish, at the same time as he does this for you. The fulfilment of each becomes the ground for the fulfilment of the other. When we realize our natures in this way, we are at our best. This is partly because to fulfil oneself in ways which allow others to do so as well rules out murder, exploitation, torture, selfishness, and the like. In damaging others, we are in the long run damaging our own fulfilment, which depends on the freedom of others to have a hand in it. And since there can be no true reciprocity except among equals, oppression and inequality are in the long run self-thwarting as well. All this is at odds with the liberal model of society, for which it is enough if my uniquely individual flourishing is protected from interference by another's. The other is not primarily what brings me into being, but a potential threat to my being. And this, for all his celebrated belief that humans are political animals, is also true of Aristotle. He does not regard virtue or well-being as inherently relational. It is true that in his view other people are pretty essential to one's own flourishing, and that the solitary life is one fit only for gods and beasts. Yet Aristotelian man, as Alasdair MacIntyre has observed, is a stranger to love.[27]

The assumption that the meaning of life is primarily an individual affair is still alive and well. Julian Baggini writes that 'the search for meaning is essentially personal', involving 'the power and responsibility to discover and in part determine meaning for ourselves'.[28] John Cottingham speaks of a meaningful life as 'one in which the individual is engaged ... in genuinely worthwhile activities that reflect his or her rational choice as an autonomous agent'.[29] None of this is false. But it reflects an individualist bias

27 Alasdair MacIntyre, *A Short History of Ethics* (London, 1968), 80.

28 Baggini, *What's It All About?*, 4, 86.

29 Cottingham, *On the Meaning of Life*, 66.

common to the modern age. It does not see the meaning of life as a common or reciprocal project. It fails to register that there can be by definition no meaning, whether of life or anything else, which is unique to myself alone. If we emerge into being in and through one another, then this must have strong implications for the meaning-of-life question.

On the theory I have just proposed, two of the strongest contenders in the meaning-of-life stakes – love and happiness – are not ultimately at odds. If happiness is seen in Aristotelian terms as the free flourishing of our faculties, and if love is the kind of reciprocity which allows this best to happen, there is no final conflict between them. Nor is there a conflict between happiness and morality, given that a just, compassionate treatment of other people is on the grand scale of things one of the conditions for one's own thriving. There is less need, then, to worry about the kind of life which seems to be meaningful in the sense of being creative, dynamic, successful, and fulfilled, yet which consists of torturing or trampling over others. Nor, on this theory, is one forced to choose between a number of different candidates for the good life, as Julian Baggini suggests we should. Baggini proposes a range of possibilities for the meaning of life – happiness, altruism, love, achievement, losing or abnegating the self, pleasure, the greater good of the species – and suggests in his liberal fashion that there is some truth in them all. A pick-and-mix model is accordingly advanced. In designer style, each of us can take what we want from these various goods and blend them into a life uniquely appropriate for ourselves.

It is possible, however, to draw a line through Baggini's points and see most of these goods as combinable with each other. Take, as an image of the good life, a jazz group.[30] A jazz group which is improvising obviously differs from a symphony orchestra,

[30] I am indebted for this image to G. A. Cohen.

12. The Buena Vista Social Club

since to a large extent each member is free to express herself as she likes. But she does so with a receptive sensitivity to the self-expressive performances of the other musicians. The complex harmony they fashion comes not from playing from a collective score, but from the free musical expression of each member acting as the basis for the free expression of the others. As each player grows more musically eloquent, the others draw inspiration from this and are spurred to greater heights. There is no conflict here between freedom and the 'good of the whole', yet the image is the reverse of totalitarian. Though each performer contributes to 'the greater good of the whole', she does so not by some grim-lipped self-sacrifice but simply by expressing herself. There is self-realization, but only through a loss of self in the music as a whole. There is achievement, but it is not a question of self-aggrandizing success. Instead, the achievement – the music itself – acts as a medium of relationship among the performers. There is pleasure to be reaped from this artistry, and – since there is a free fulfilment or realization of powers – there is also happiness in the sense of flourishing. Because this flourishing is reciprocal, we can even speak, remotely and analogically, of a kind of love. One could do worse, surely, than propose such a situation as the meaning of life – both in the sense that it is what makes life meaningful, and – more controversially – in the sense that when we act in this way, we realize our natures at their finest.

Is jazz, then, the meaning of life? Not exactly. The goal would be to construct this kind of community on a wider scale, which is a problem of politics. It is, to be sure, a utopian aspiration, but it is none the worse for that. The point of such aspirations is to indicate a direction, however lamentably we are bound to fall short of the goal. What we need is a form of life which is completely pointless, just as the jazz performance is pointless. Rather than serve some utilitarian purpose or earnest metaphysical end, it is a delight in itself. It needs no justification beyond its own existence. In this sense, the meaning of life is interestingly close to meaninglessness. Religious believers who find this version of the meaning of life a little too laid-back for comfort should remind themselves that God, too, is his own end, ground, origin, reason, and self-delight, and that only by living this way can human beings be said to share in his life. Believers sometimes speak as though a key difference between themselves and non-believers is that for them, the meaning and purpose of life lie outside it. But this is not quite true even for believers. For classical theology, God transcends the world, but figures as a depth within it. As Wittgenstein remarks somewhere: if there is such a thing as eternal life, it must be here and now. It is the present moment which is an image of eternity, not an infinite succession of such moments.

Have we, then, wrapped up the question once and for all? It is a feature of modernity that scarcely any important question is ever wrapped up. Modernity, as I argued earlier, is the epoch in which we come to recognize that we are unable to agree even on the most vital, fundamental of issues. No doubt our continuing wrangles over the meaning of life will prove to be fertile and productive. But in a world where we live in overwhelming danger, our failure to find common meanings is as alarming as it is invigorating.

Further reading

1. Aristotle and virtue ethics

The text of Aristotle most relevant to this book is the *Nicomachean Ethics*, available in Penguin Classics in an edition by Jonathan Barnes (Harmondsworth, 1976). Jonathan Barnes has also published a useful introduction to Aristotle in the Very Short Introduction series (Oxford, 2000), though not much of it deals with his ethical thought. See also D. S. Hutchinson, *The Virtues of Aristotle* (London, 1986), and Jonathan Lear, *Aristotle: The Desire to Understand* (Cambridge, 1988).

More general studies of ethics relevant to the book's argument can be found in Alasdair MacIntyre, *A Short History of Ethics* (London, 1968) and *After Virtue* (London, 1981). A more recent, illuminating study is Rosalind Hursthouse, *On Virtue Ethics* (Oxford, 1999).

2. Schopenhauer

Schopenhauer's major work, and the only one referred to in this study, is *The World as Will and Representation*, ed. E. F. J. Payne, 2 vols. (New York, 1969). Useful introductions to Schopenhauer are to be found in Patrick Gardiner, *Schopenhauer* (Harmondsworth, 1963), and Brian Magee, *The Philosophy of Schopenhauer* (Oxford, 1983). A briefer account is to be found in Terry Eagleton, *The Ideology of the Aesthetic* (Oxford, 1990), ch. 7.

3. Nietzsche

Works by Nietzsche cited in this study are *The Will to Power* (New York, 1975), *Beyond Good and Evil*, and *The Birth of Tragedy*. The latter two works can be found in Walter Kaufmann (ed.), *Basic Writings of Nietzsche* (New York, 1968), a convenient selection of Nietzsche's texts. Classic introductions to his thought are Walter Kaufmann, *Nietzsche: Philosopher, Psychologist, and Antichrist* (New York, 1950); R. J. Hollingdale, *Nietzsche: The Man and his Philosophy* (London, 1964); and Arthur C. Danto, *Nietzsche as Philosopher* (New York, 1965). See also Keith Ansell Pearson, *Nietzsche* (London, 2005), and Michael Tanner, *Nietzsche* (Oxford). A more substantial study is Richard Schacht, *Nietzsche* (London, 1983).

4. Wittgenstein

The *Tractatus Logico-Philosophicus*, first published in London in 1961, is available in abridged form in Anthony Kenny (ed.), *The Wittgenstein Reader* (Oxford, 1994). See also Wittgenstein's *Philosophical Investigations*, trans. G. E. M. Anscombe (Oxford, 1953), and *Culture and Value*, trans. Peter Winch (Chicago, 1980).

For introductions to Wittgenstein's thought, see D. F. Pears, *Wittgenstein* (London, 1971), and Anthony Kenny, *Wittgenstein* (Harmondsworth, 1973). Two more recent introductions, both lucid and helpful, are A. C. Grayling, *Wittgenstein* (Oxford, 1988), and Ray Monk, *Wittgenstein* (London, 2005). Monk is also the author of an excellent biography, *Ludwig Wittgenstein: The Duty of Genius* (London, 1990). A more advanced but equally rewarding study is G. P. Baker and P. M. S. Hacker, *Wittgenstein: Understanding and Meaning* (Oxford, 1980).

5. Modernism and postmodernism

There are various allusions throughout the book to these cultural movements, which the reader might like to have further elucidated. For modernism, Peter Conrad's monumental *Modern Times, Modern*

Places (London, 1998) is worth dipping in and out of. An excellent theoretical study is Marshall Berman, *All that is Solid Melts into Air* (London, 1982). See also Raymond Williams, *The Politics of Modernism* (London, 1989), and T. J. Clark, *Farewell to an Idea* (New Haven and London, 1999).

For postmodernism, see Jean-François Lyotard, *The Postmodern Condition* (Minneapolis, 1984); Ihab Hassan, *The Postmodern Turn* (Ithaca, NY, 1987); David Harvey, *The Condition of Postmodernity* (Oxford, 1990); and Perry Anderson, *The Origins of Postmodernity* (London, 1998). Briefer studies of the trend are to be found in Alex Callinicos, *Against Postmodernism*, and Terry Eagleton, *The Illusions of Postmodernism* (Oxford, 1996). A more difficult and substantial study is Fredric Jameson, *Postmodernism, or, the Cultural Logic of Late Capitalism* (Durham, NC, 1991).

6. Marx

Marx's views on 'species being' and human nature are to be found mainly in his *Economic and Philosophical Manuscripts* of 1844. This is reprinted among other places in L. Colletti (ed.), *Karl Marx: Early Writings* (Harmondsworth, 1975). For commentaries on these matters, see Norman Geras, *Marx and Human Nature* (London, 1983), and Terry Eagleton, *The Ideology of the Aesthetic* (Oxford, 1990), ch. 8. The essay by Louis Althusser most relevant to my argument is 'On Ideology and Ideological State Apparatuses', in *Lenin and Philosophy* (London, 1971).

7. Freud

Freud's *Introductory Lectures on Psychoanalysis* (Harmondsworth, 1973) is one of the best introductions to some of his general concepts. His discussion of the death drive is to be found among other places in *Beyond the Pleasure Principle*, trans. J. Strachey, International Psycho-Analytical Library, ed. E. Jones, 4 (London, 1950). The theme is developed by Norman O. Brown in *Life Against Death* (London,

1959). For more general accounts of Freud, see Philip Rieff, *Freud: The Mind of the Moralist* (Chicago and London, 1959), and Paul Ricoeur, *Freud and Philosophy* (New Haven and London, 1970).

8. Other works

The following works are also referred to in the book:

Julian Baggini, *What's It All About?* (London, 2004).
Isaiah Berlin, *Four Essays on Liberty* (Oxford, 1969).
John Cottingham, *On the Meaning of Life* (London, 2003).
Terry Eagleton, *Against the Grain: Selected Essays 1975–1985* (London, 1986); *William Shakespeare* (Oxford, 1986); and *Sweet Violence: The Idea of the Tragic* (Oxford, 2003).
Frank Farrell, *Subjectivity, Realism and Postmodernism* (Cambridge, 1996).
Martin Heidegger, *Being and Time* (New York, 1962).
Alasdair MacIntyre, *Dependent Rational Animals* (London, 1998).
Jean-Paul Sartre, *Being and Nothingness* (London, 1958), and *Nausea* (Harmondsworth, 1963).
Roger Scruton, *Modern Philosophy* (London, 1994).
Max Weber, *Essays in Sociology*, ed. H. H. Gerth and C. Wright Mills (London, 1991).

“牛津通识读本”已出书目

古典哲学的趣味
人生的意义
文学理论入门
大众经济学
历史之源
设计，无处不在
生活中的心理学
政治的历史与边界
哲学的思与惑
资本主义
美国总统制
海德格尔
我们时代的伦理学
卡夫卡是谁
考古学的过去与未来
天文学简史
社会学的意识
康德
尼采
亚里士多德的世界
西方艺术新论
全球化面面观
简明逻辑学
法哲学：价值与事实
政治哲学与幸福根基
选择理论
后殖民主义与世界格局

福柯
缤纷的语言学
达达和超现实主义
佛学概论
维特根斯坦与哲学
科学哲学
印度哲学祛魅
克尔凯郭尔
科学革命
广告
数学
叔本华
笛卡尔
基督教神学
犹太人与犹太教
现代日本
罗兰·巴特
马基雅维里
全球经济史
进化
性存在
量子理论
牛顿新传
国际移民
哈贝马斯
医学伦理
黑格尔

地球
记忆
法律
中国文学
托克维尔
休谟
分子
法国大革命
民族主义
科幻作品
罗素
美国政党与选举
美国最高法院
纪录片
大萧条与罗斯福新政
领导力
无神论
罗马共和国
美国国会
民主
英格兰文学
现代主义
网络
自闭症
德里达
浪漫主义
批判理论

德国文学
戏剧
腐败
医事法
癌症
植物
法语文学
微观经济学
湖泊
拜占庭
司法心理学
发展
农业
特洛伊战争
巴比伦尼亚
河流
战争与技术
品牌学
数学简史
物理学
行为经济学
计算机科学
儒家思想

儿童心理学
时装
现代拉丁美洲文学
卢梭
隐私
电影音乐
抑郁症
传染病
希腊化时代
知识
环境伦理学
美国革命
元素周期表
人口学
社会心理学
动物
项目管理
美学
管理学
卫星
国际法
计算机

电影
俄罗斯文学
古典文学
大数据
洛克
幸福
免疫系统
银行学
景观设计学
神圣罗马帝国
大流行病
亚历山大大帝
气候
第二次世界大战
中世纪
工业革命
传记
公共管理
社会语言学
物质
学习
化学